高等职业教育高等数学分层教学改革成果

高等应用数学

上　册

主　编　杨惠波　杨林广
副主编　赵晓青　韩敬华　刘　娜　董文雷

中国铁道出版社有限公司
CHINA RAILWAY PUBLISHING HOUSE CO., LTD.

内 容 简 介

本书是石家庄铁路职业学院基础部进行高等数学分层教学改革成果，主要内容包括：初等数学知识回顾、极限与连续、一元函数微分学、一元函数积分学、常微分方程等。教材内容注重密切联系日常生产、生活实践，提高学生解决实际问题的能力。同时，各章还编入了一些数学家简介、数学学科的起源等阅读材料，以培养学生的数学素养。

本书适合作为高职院校各专业学生公共基础课教材，也可作为教师的教学参考书。

图书在版编目(CIP)数据

高等应用数学．上册/杨惠波，杨林广主编．—北京：中国铁道出版社，2018.8 (2020.8 重印)
高等职业教育高等数学分层教学改革成果
ISBN 978-7-113-24732-4

Ⅰ.①高… Ⅱ.①杨… ②杨… Ⅲ.①应用数学-高等职业教育-教材 Ⅳ.①O29

中国版本图书馆 CIP 数据核字(2018)第 177471 号

书　　名： 高等应用数学 · 上册
作　　者： 杨惠波　杨林广

策　　划： 李小军　　**读者热线：**(010) 83552550
责任编辑： 许　璐
封面设计： 刘　颖
责任校对： 张玉华
责任印制： 樊启鹏

出版发行： 中国铁道出版社有限公司(100054，北京市西城区右安门西街 8 号)
网　　址： http://www.tdpress.com/51eds/
印　　刷： 三河市宏盛印务有限公司
版　　次： 2018 年 8 月第 1 版　2020 年 8 月第 4 次印刷
开　　本： 710 mm×1 000 mm　1/16　**印张：** 8.75　**字数：** 141 千
书　　号： ISBN 978-7-113-24732-4
定　　价： 23.00 元

前　言

高等数学是高等职业院校各理工类专业必修的公共基础课程。该课程既能帮助学生获得专业学习中所必需的数学知识、数学思想和数学方法，又能培养学生用数学思维方式去分析和解决实际问题的能力，对全面提高学生综合素质至关重要。

基于近年来学生的数学基础参差不齐的现状，我院从2015年开始对高等数学实施“分层教学”的教学改革。依据学生数学基础的不同，将学生分成ABC三个教学层次。各层次采用不同的教学模式和教学内容，因材施教，力求达到较好的教学效果。为了适应和满足高等职业教育快速发展的需要，同时总结本校高等数学课程改革经验，编写组以教育部制定的《高职高专类高等数学课程教学基本要求》为编写依据，同时借鉴国内外优秀教材编写本教材，主要适用于C层次教学。

在编写过程中，本书力求突出以下特点：

1. 增加初高中衔接内容，贴近基础薄弱学生

针对近年来高职学生数学基础薄弱的现象，增加初等数学和高等数学之间的衔接内容，主要增加了集合的概念、初等代数运算、常用方程和不等式的求解、函数及常用函数的性质等内容。这些内容虽然属于初等数学范畴，学生在中学接触过，但很多高职学生对这些内容掌握得并不扎实，增加这些内容会为学生学习高等数学打下良好的基础。

2. 强调案例教学和项目教学，融入建模思想

考虑到高职学生的认知规律和特点，本书恰当把握教学内容的深度和广度，不追求数学内容“面面俱到”。内容上淡化理论推导，在数学概念引入时强调案例引入，结合教学内容，选取实际生活及专业中的项目，融入数学建模思想与数学实验方法，提升数学应用的能力，突出职业教育的特点。

3. 渗透数学文化和数学思想，重视数学文化熏陶

每一章后设置了相应知识点的“数学素材”和“扩展阅读”，以展示数学思想的形成背景和数学对现实世界的影响，发挥数学课程的育人功能，激发学生的学习兴趣，培养学生睿智、细致、坚毅的品格。

全书共分为5章，完成全部教学内容大约需要56学时，带“*”号的内容为选学内容。其中理论教学部分约50学时，项目教学部分约6学时。

本书由杨惠波和杨林广任主编，赵晓青、韩敬华、刘娜、董文雷任副主编，杨惠波负责统稿定稿。具体分工如下：第1章由杨林广编写，第2章由刘娜编写，第3章由韩敬华编写，第4章由赵晓青编写，第5章由杨惠波编写，董文雷订正了全部书稿并提出了宝贵意见。

本教材的编写得到了石家庄铁路职业技术学院领导、教务处和基础部领导的大力支持，在此表示衷心感谢。

教材编写是一项影响深远的工作，我们深感责任重大。由于编者的水平有限，加之时间仓促，书中难免存在不妥之处，我们衷心期待专家、同行和读者批评指正。

编　者

2018年6月

目　　录

第 1 章　初等数学知识回顾 ………………………… 1

1.1　集合 ………………………… 1

1.1.1　集合的概念和性质(1)　　1.1.2　常用的数集(2)

1.1.3　集合的表示方法(2)　　1.1.4　集合间的关系(3)

1.1.5　集合的运算(4)

习题 1.1 ………………………… 6

1.2　初等代数 ………………………… 6

1.2.1　实数的常用运算性质(6)　　1.2.2　代数式的常用运算公式(7)

1.2.3　一元 n 次方程(7)

习题 1.2 ………………………… 8

1.3　不等式 ………………………… 8

1.3.1　不等式的概念和性质(8)　　1.3.2　不等式的解集(9)

1.3.3　不等式的解法(9)　　1.3.4　不等式的应用(13)

习题 1.3 ………………………… 14

1.4　函数的概念和性质 ………………………… 14

1.4.1　函数的概念(15)　　1.4.2　函数的三种表示方法(17)

1.4.3　函数的几种性质(17)　　1.4.4　反函数(20)

习题 1.4 ………………………… 21

1.5　初等函数 ………………………… 22

1.5.1　基本初等函数(22)　　1.5.2　简单函数和复合函数(30)

1.5.3　初等函数与分段函数(31)

习题 1.5 ………………………… 34

应用实践项目一 ………………………… 34

第 2 章　极限与连续 ………………………… 36

2.1　极限的概念 ………………………… 36

2.1.1　数列的极限(36)　　2.1.2　函数的极限(37)

习题 2.1 ………………………… 41

2.2　极限的运算 ………………………… 42

2.2.1 极限的四则运算(42) 2.2.2 极限运算举例(43)
2.2.3 两个重要的极限(44)
习题 2.2 …… 47
2.3 无穷大与无穷小 …… 47
2.3.1 无穷大与无穷小的概念(47) 2.3.2 无穷小的性质(49)
2.3.3 无穷小的比较(49)
习题 2.3 …… 51
2.4 函数的连续性 …… 51
2.4.1 连续与间断(51) 2.4.2 连续函数的性质(53)
2.4.3 闭区间上连续函数的性质(54)
习题 2.4 …… 55
应用实践项目二 …… 56
第 3 章 一元函数微分学 …… 58
3.1 导数的概念 …… 58
3.1.1 导数的定义(58) 3.1.2 求导举例(61)
3.1.3 导数的几何意义(63) 3.1.4 函数可导与连续的关系(64)
习题 3.1 …… 65
3.2 初等函数的求导法则 …… 66
3.2.1 函数和、差的求导法则(66) 3.2.2 乘积的求导法则(67)
3.2.3 商的求导法则(67) 3.2.4 复合函数的求导法则(68)
3.2.5 高阶导数(69)
习题 3.2 …… 71
3.3 函数的微分 …… 71
3.3.1 微分的定义(72) 3.3.2 微分的几何意义(73)
3.3.3 微分基本公式及微分的运算法则(74)
习题 3.3 …… 75
3.4 洛必达法则 …… 75
习题 3.4 …… 79
3.5 拉格朗日中值定理与函数单调性判定法 …… 79
3.5.1 拉格朗日中值定理(79) 3.5.2 函数单调性判定法(81)
习题 3.5 …… 83
3.6 函数的极值与最值 …… 83
3.6.1 极值的概念(83) 3.6.2 函数的最大值与最小值(86)

习题 3.6 …… 89
应用实践项目三 …… 89
第 4 章　一元函数积分学 …… 91
4.1　不定积分的概念、性质和基本公式 …… 91
4.1.1　不定积分的概念(91)　4.1.2　不定积分的性质(93)
4.1.3　不定积分基本公式(94)
习题 4.1 …… 95
4.2　不定积分的运算法则和积分法 …… 96
4.2.1　不定积分的基本运算法则(96)　4.2.2　直接积分法(97)
4.2.3　换元积分法(97)　4.2.4　分部积分法(100)
习题 4.2 …… 102
4.3　定积分的概念和性质 …… 103
4.3.1　定积分的概念(103)　4.3.2　定积分的几何意义(105)
4.3.3　定积分的性质(107)
习题 4.3 …… 109
4.4　牛顿-莱布尼茨公式 …… 110
4.4.1　积分上限函数(变上限函数)及其导数(110)
4.4.2　牛顿-莱布尼茨公式(112)
习题 4.4 …… 114
4.5　定积分的计算 …… 114
4.5.1　定积分的换元法(114)　4.5.2　定积分的分部积分法(115)
习题 4.5 …… 117
4.6　定积分的应用 …… 117
4.6.1　定积分的微元法(117)　4.6.2　平面图形的面积(118)
习题 4.6 …… 120
应用实践项目四 …… 120
第 5 章　常微分方程 …… 121
5.1　微分方程的基本概念和分离变量法 …… 121
5.1.1　引例(121)　5.1.2　微分方程的基本概念(122)
5.1.3　可分离变量的微分方程(124)
习题 5.1 …… 125
5.2　一阶线性微分方程 …… 126

5.2.1 一阶线性微分方程的概念(126)
5.2.2 一阶线性齐次微分方程的求解(127)
5.2.3 一阶线性非齐次微分方程的求解(127)
习题5.2 …… 129
应用实践项目五 …… 130
参考文献 …… 131

第1章　初等数学知识回顾

本章主要回顾学习微积分理论所必备的一些基础知识及其应用,包括集合的概念和数集的运算、初等代数以及函数的概念等.

1.1　集　　合

1.1.1　集合的概念和性质

1. 集合的概念

集合是数学中的一个基本概念,一般地,我们把由某些确定的对象构成的整体称为**集合**.构成集合的每个对象都称为这个**集合的元素**.

例如:(1) 某学校大学一年级学生的全体构成一个集合,其中每个学生都是这个集合的元素.

(2) 偶数的全体构成一个集合,每个偶数都是这个集合的元素.

(3) 某手机里的所有APP构成一个集合,每个APP都是这个集合的元素,如图1-1所示.

(4) 王者荣耀里的“战士”构成一个集合,每个“战士”都是这个集合的元素,如图1-2所示.

图　1-1

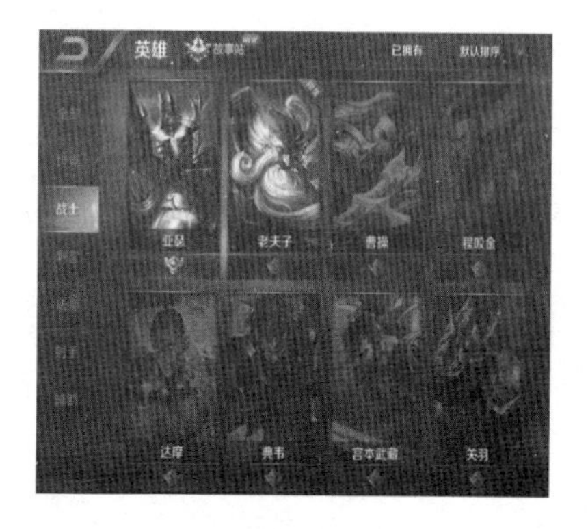

图　1-2

一个集合通常用大写拉丁字母 $A,B,\cdots$ 表示，它的元素通常用小写拉丁字母 $a,b,\cdots$ 表示. 元素与集合的关系有属于"$\in$"和不属于"$\notin$"两种情形，若 a 是集合 A 中的元素，记作 $a\in A$；若 b 不是 A 中的元素，记作 $b\notin A$.

含有有限个元素的集合称为**有限集**；含有无限个元素的集合称为**无限集**；不含任何元素的集合称为**空集**，空集用符号 $\varnothing$ 表示.

2. 集合的性质

1）确定性

对于给定的集合，集合中的元素是确定的.

例如："一些高个子学生""一些很小的数"不能构成集合，因为整体对象不确定.

2）互异性

在同一个集合中，集合的每个元素都是不同的对象.

3）无序性

对于给定的集合，集合的元素不考虑顺序关系. 顺序不同，元素相同的集合看作同一个集合.

【例 1】 下列所给的对象是否确定一个集合？

（1）充分接近 π 的实数的全体.

（2）善良的人.

（3）某班头发数量前 3 名的同学.

（4）周长为 6 cm 的三角形.

解 （1）和（2）不构成集合，因为它们的对象是不确定的；（3）和（4）构成集合，因为它们的对象是确定的.

1.1.2 常用的数集

我们约定一些大写英文字母表示常用的一些数集.

全体非负整数构成的集合，称为自然数集，记作 $\mathbf{N}$.

所有正整数组成的集合，称为正整数集，记作 $\mathbf{N}^{+}$.

整数的全体构成的集合，称为整数集，记作 $\mathbf{Z}$.

全体有理数构成的集合，称为有理数集，记作 $\mathbf{Q}$.

全体实数构成的集合，称为实数集，记作 $\mathbf{R}$.

1.1.3 集合的表示方法

集合的常用表示方法有列举法、描述法.

1. 列举法

把集合中的元素一一列举出来，写到大括号内，这种表示集合的方法称为列举法.

例如：(1) 不大于 10 的正整数集合可以表示为$\{1,2,3,\cdots,9,10\}$.

(2) "中国古代四大发明"构成的集合可以表示为

{火药，指南针，造纸术，活字印刷术}.

说明：当集合元素数量较少时，常用列举法表示.

2. 描述法

用集合所含元素的共同特征表示集合的方法称为描述法. 具体做法是：在大括号内先写上表示这个集合元素的一般符号及取值范围，再画一条竖线，在竖线后写出这个集合具有的共同特征. 例如："方程 $x^2-2x=0$ 的所有实数根"组成的集合可以表示为$\{x\in\mathbf{R}\mid x^2-2x=0\}$.

说明：(1) 当集合元素数量较多时，常用描述法表示.

(2) 我们约定当 $x\in\mathbf{R}$ 时，可略去 $x\in\mathbf{R}$，简写为 x.

【例 2】 用描述法表示下列集合：

(1) 大于 2 小于 6 的实数组成的集合；

(2) 由平面直角坐标系中第一象限的点组成的集合.

解 (1) $\{x\mid 2<x<6\}$；

(2) $\{(x,y)\mid x>0,y>0\}$.

1.1.4 集合间的关系

1. 子集与真子集

如果集合 A 中的每一个元素都是集合 B 中的元素，则称集合 A 是集合 B 的**子集**，记作 $A\subseteq B$ 或 $B\supseteq A$，读作"A 包含于 B"或"B 包含 A".

依据上述定义可知，子集具有如下性质：

(1) 任何一个集合 A 都是它本身的子集，即 $A\subseteq A$.

(2) 空集是任何集合的子集，即$\varnothing\subseteq A$.

(3) 若 $A\subseteq B$，$B\subseteq C$，则 $A\subseteq C$.

如果集合 A 是集合 B 的子集，并且 B 中至少一个元素不属于 A，则称集合 A 是集合 B 的**真子集**，记作 $A\subset B$ 或 $B\supset A$，读作"A 真包含于 B"或"B 真包含 A".

通常用圆或封闭曲线来形象地表示集合，用封闭曲线内部的点表示该集合的元素(见图 1-3). 这种图形称为**维恩图**. 图 1-4 表示集合 A 是集合 B 的真子集.

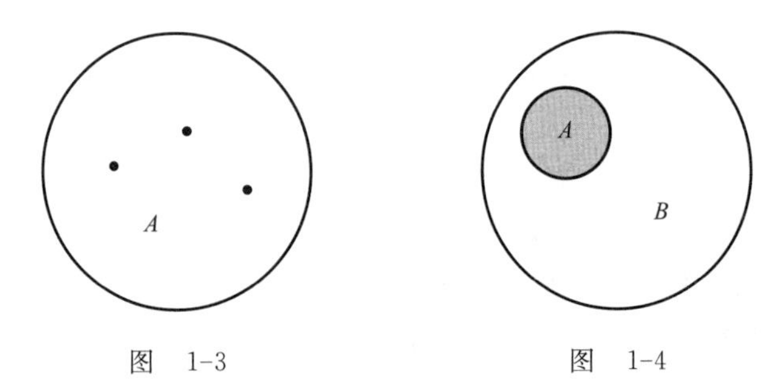

图 1-3　　图 1-4

2. 集合的相等

如果集合 A 的每一个元素都是集合 B 的元素($A\subseteq B$),且集合 B 的每一个元素都是集合 A 的元素($B\subseteq A$),那么我们称集合 A 等于集合 B,记作 $A=B$.

1.1.5 集合的运算

1. 交集

对于两个给定的集合 A、B,由既属于 A 又属于 B 的元素组成的集合称为 A 与 B 的**交集**,记作 $A\cap B$. 用维恩图表示如下,阴影部分表示 A 与 B 的交集 $A\cap B$,如图 1-5 所示.

由交集的定义可知,对于任意两个集合 A、B,有

(1) $A\cap B=B\cap A$.

(2) $A\cap A=A$.

(3) $A\cap\varnothing=\varnothing\cap A=\varnothing$.

(4) 如果 $A\subseteq B$,那么 $A\cap B=A$.

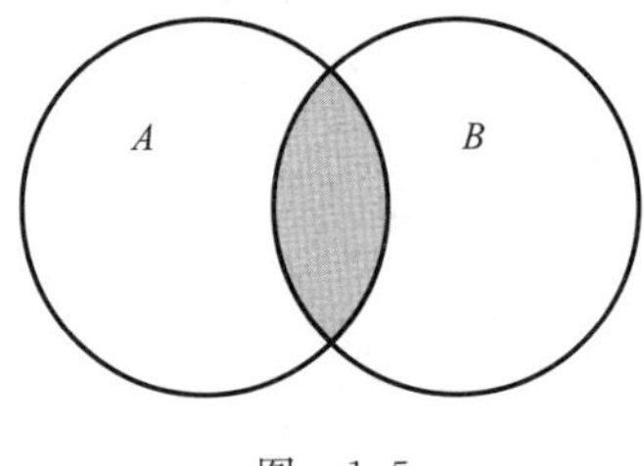

图 1-5

2. 并集

对于两个给定的集合 A、B,由两个集合所有元素组成的集合称为 A 与 B 的**并集**,记作 $A\cup B$. 如图 1-6 所示,阴影部分表示 A 与 B 的并集 $A\cup B$.

由交集的定义可知,对于任意两个集合 A、B,有

(1) $A\cup B=B\cup A$.

(2) $A\cup A=A$.

(3) $A\cup\varnothing=\varnothing\cup A=A$.

(4) 如果 $A\subseteq B$,那么 $A\cup B=B$.

【例 3】 设集合 $A=\{x\,|\,x\leqslant 5\}$,$B=\{x\,|\,1<x\leqslant 6\}$,求 $A\cap B$ 和 $A\cup B$.

解 $A\cap B=\{x\,|\,x\leqslant 5\}\cap\{x\,|\,1<x\leqslant 6\}=\{x\,|\,1<x\leqslant 5\}$.

$A\cup B=\{x\,|\,x\leqslant 5\}\cup\{x\,|\,1<x\leqslant 6\}=\{x\,|\,x\leqslant 6\}$.

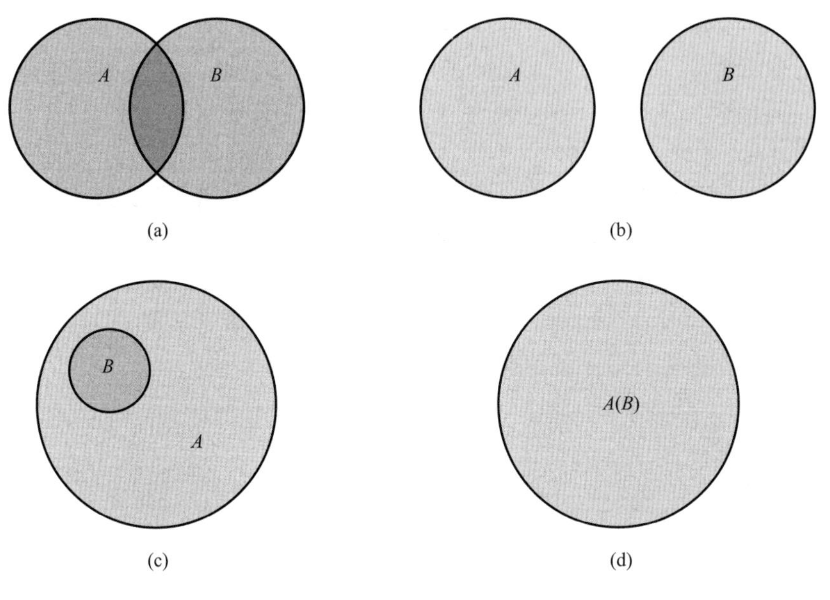

图　1-6

3. 补集

在研究集合问题中，很多时候所研究的集合都是一个给定集合的子集，那么我们称这个给定的集合为**全集**，通常用 U 表示全集. 全集的作用是提供研究问题的范围. 比如研究数集时，我们常把实数集 $\mathbf{R}$ 作为全集.

如果集合 A 是全集 U 的一个子集，那么 U 中不属于 A 的所有元素构成的集合称为 A 在 U 中的**补集**，记作 $\complement_U A$（或 $\overline{A}$），读作 A 在 U 中的补集. 用维恩图表示如图 1-7 所示，阴影部分表示集合 A 的补集 $\complement_U A$.

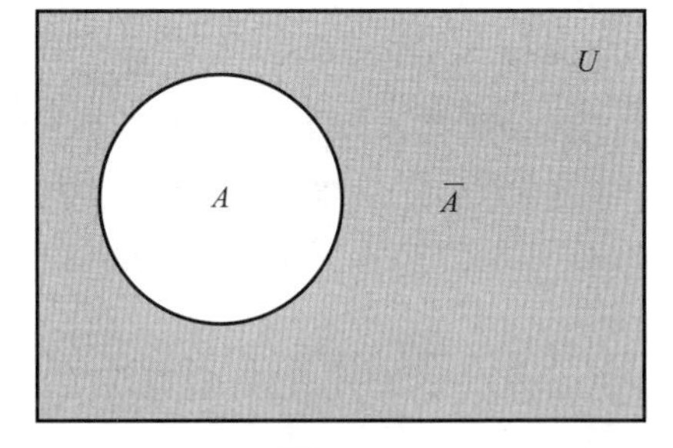

图　1-7

阅读材料

集合论的创立

德国数学家康托(Georg Cantor，1845—1918)在 19 世纪末创立集合论. 康托集合论中最能显示其独创性的成就是对无限集合的研究，他提出用一一对应准则来比较无限集合元素的个数，比如正整数集与正偶数集之间存在一一对应关系，因而它们具有相同的个数，这与传统观念“全体大于部分”相矛盾. 而康托认为这恰恰是无限集的特征，并进一步得到了一系列令人震惊的关于无限集的结论，却也因此遭到了许多数学家的激烈反对，致使他几度陷于精神崩溃，直到20世纪初集合论才获得世界公认. 但在1902年出现的罗素悖论又使得绝对严密的数学陷入自相矛盾之中，引发了数学史上的第三次危机，直到公理化集合论建立后才得以较圆满地解决.

习 题 1.1

1. 判断下列所给的对象是否确定一个集合.

(1) 一些很大的数.

(2) 某班所有聪明的同学.

(3) 小于零的全体实数.

(4) 某单位所有身高在1.7 m以上的员工.

2. 用描述法表示下列集合.

(1) 大于1小于5的自然数.

(2) 平面直角坐标系中第三象限的点.

(3) 抛物线 $y=x^2$ 图像上所有的点.

3. 设集合 $A=\{x|x>2\}$，$B=\{x|-1<x\leqslant 4\}$，求 $A\cap B$ 和 $A\cup B$.

1.2 初等代数

初等代数就是用字母代表数、用特殊的符号代表运算来研究数的运算性质和规律，它使很多问题的表述和推演变得简单，把算术研究的个别问题进化到代数研究的一类问题. 例如：方程 $x^2-2x+1=0$ 和 $ax^2+bx+c=0$ $(a\neq 0)$就是个别和类的区别.

1.2.1 实数的常用运算性质

(1) 指数幂的运算性质：$a^m a^n=a^{m+n}$，

$$(a^m)^n=a^{mn},$$

$$(ab)^m = a^m b^m,$$

$$a^{\frac{m}{n}} = \sqrt[n]{a^m},$$

其中,m,n 为正整数,a,b 的取值为使各式有意义的实数.

(2) 对数的运算性质:$\log_a(MN) = \log_a M + \log_a N$,

$$\log_a\left(\frac{M}{N}\right) = \log_a M - \log_a N,$$

$$\log_a M^N = N\log_a M,$$

$$\log_a b = \frac{\log_c b}{\log_c a},$$

$$a^{\log_a b} = b,$$

其中,a,b,c,M,N 的取值为使各式有意义的实数.

1.2.2 代数式的常用运算公式

平方差公式:$a^2 - b^2 = (a-b)(a+b)$;

完全平方式:$a^2 + 2ab + b^2 = (a+b)^2$,$a^2 - 2ab + b^2 = (a-b)^2$;

立方和公式:$a^3 + b^3 = (a+b)(a^2 - ab + b^2)$;

立方差公式:$a^3 - b^3 = (a-b)(a^2 + ab + b^2)$;

十字相乘法:$x^2 + (p+q)x + pq = (x+p)(x+q)$;

二项展开式:$(a+b)^n = \sum\limits_{k=0}^{n} C_n^k a^{n-k} b^k$,其中 n 为正整数.

1.2.3 一元 n 次方程

形如 $a_n x^n + a_{n-1} x^{n-1} + \cdots + a_1 x + a_0 = 0 (a_n \neq 0)$ 的方程称为一元 n 次方程,其中 x 为未知数,$a_i (i = 0, 1, \cdots, n)$ 为常数. 例如,$2x^4 - x + 3 = 0$ 就是一个一元四次方程,其中 x^3,x^2 的系数为 0.

我们最熟悉的是一元二次方程 $ax^2 + bx + c = 0 (a \neq 0)$,如果判别式 $\Delta = b^2 - 4ac > 0$,方程有两个不等的实根 $x_{1,2} = \frac{-b \pm \sqrt{b^2 - 4ac}}{2a}$;如果判别式 $\Delta = b^2 - 4ac = 0$,方程有两个相等实根(重根);如果判别式 $\Delta = b^2 - 4ac < 0$,方程没有实根,有一对共轭复根. 在数学上可以证明,对于一元三次方程和一元四次方程,也有固定的公式可解. 但公式过于复杂,这里不再介绍. 对于五次及以上的一元代数方程没有公式解. 在证明这个结论的过程中,法国天才数学家伽罗华引入了"群"的概念,开辟了一个数学新领域——群论.

阅读材料

伽　罗　华

埃瓦里斯特·伽罗华,1811年10月25日生,法国数学家,现代数学中的分支学科群论的创立者.伽罗华使用群论的想法去讨论方程式的可解性,整套想法现称为伽罗华理论,是当代代数与数论的基本支柱之一.它直接推论的结果十分丰富:系统化地阐释了为何五次以上之方程式没有公式解,而四次以下有公式解,并解决了古代三大作图问题中的两个:"不能任意三等分角""倍立方不可能".

但伽罗华在世时他的研究成果的重要意义没被人们所认识,其呈送科学院的3篇学术论文均被退回或遗失.后转向政治,支持共和党,曾两次被捕,21岁时死于一场决斗.

习　题　1.2

1. 计算下列各式:

(1) $\left(\frac{25}{36}\right)^{\frac{3}{2}}$;　(2) $a^{\frac{1}{2}}a^{\frac{1}{4}}a^{\frac{1}{8}}$;　(3) $\sqrt{a\sqrt{a\sqrt{a}}}$;

(4) $\lg 100^{\frac{1}{3}}$;　(5) $\log_2 6-\log_2 3$;　(6) $\log_3(27\times 9^2)$.

2. 利用二项展开式计算:

(1) $(x+2)^3$;　(2) $\left(x+\frac{1}{x}\right)^4$.

3. 如果今天是星期一,那么8^5天以后是星期几?

1.3 不　等　式

1.3.1 不等式的概念和性质

1. 不等式的概念

定义1　含有不等号($<,>,\leqslant,\geqslant,\neq$)的式子,称为不等式.

例如,$2>1$,$x\neq 0$,$2x+1\geqslant 3$等.

2. 不等式的性质

性质1　(传递性)如果$a>b$,$b>c$,那么$a>c$.

性质 2　(加法法则)如果 $a>b$,那么 $a+c>b+c$.

由性质 2,容易得到以下推论:

推论　如果 $a+b>c$,那么 $a>c-b$.

性质 3　(乘法法则)如果 $a>b,c>0$,那么 $ac>bc$;如果 $a>b,c<0$,那么 $ac<bc$.

1.3.2　不等式的解集

1. 不等式解集的概念

定义 2　在含有未知数的不等式中,能使不等式成立的未知数的值的全体所组成的集合,称为**不等式的解集**.

2. 不等式解集的表示方法

1) 描述法

例如,不等式 $x^2-1\leqslant 0$ 的解集可表示为 $\{x\mid -1\leqslant x\leqslant 1\}$.

2) 区间表示法

(1) 有限区间

满足 $a<x<b$ 的全体实数 x 的集合,称为**开区间**,记作 (a,b);

满足 $a\leqslant x\leqslant b$ 的全体实数 x 的集合,称为**闭区间**,记作 $[a,b]$;

满足 $a\leqslant x<b$ 或 $a<x\leqslant b$ 的全体实数 x 的集合,称为**半开半闭区间**,记作 $[a,b)$ 或 $(a,b]$.

(2) 无限区间

实数集 **R**,也可以用区间表示为 $(-\infty,+\infty)$,符号 $+\infty$ 读作"正无穷大",符号 $-\infty$ 读作"负无穷大".

满足 $x\geqslant a$ 的全体实数 x 的集合,可记作 $[a,+\infty)$;

满足 $x>a$ 的全体实数 x 的集合,可记作 $(a,+\infty)$;

满足 $x\leqslant b$ 的全体实数 x 的集合,可记作 $(-\infty,b]$;

满足 $x<b$ 的全体实数 x 的集合,可记作 $(-\infty,b)$.

1.3.3　不等式的解法

解不等式是利用数与式的运算法则以及不等式的性质,对所给的不等式进行变形,并要求变形后的不等式与变形前的不等式的解集相等,直到能表明未知数的取值范围为止.

1. 一元一次不等式

(1) 一元一次不等式的概念

定义 3　只含有一个未知数,并且未知数的次数是 1 的不等式称为一

元一次不等式.

(2) 一元一次不等式的解法

任何一个一元一次不等式经过同解变形可化为 $ax>b(a\neq 0)$ 的形式,根据不等式的性质 3,可得

如果 $a>0$,那么它的解集为 $\left\{x\,|\,x>\dfrac{b}{a}\right\}$;

如果 $a<0$,那么它的解集为 $\left\{x\,|\,x<\dfrac{b}{a}\right\}$.

2. 一元一次不等式组

(1) 一元一次不等式组的概念

定义 4 由几个一元一次不等式组成的不等式组称为**一元一次不等式组**.

(2) 一元一次不等式组的解法

首先解出一元一次不等式组中各个不等式的解集,然后用数轴求出各解集的公共部分,便可求得一元一次不等式组的解集.

3. 一元二次不等式

1) 一元二次不等式的概念

定义 5 含有一个未知数并且未知数的最高次数是 2 的不等式称为**一元二次不等式**,它的一般形式为

$$ax^2+bx+c>0 \quad 或 \quad ax^2+bx+c<0 \quad (a\neq 0).$$

2) 一元二次不等式的解法

利用函数 $y=ax^2+bx+c(a>0)$ 的图像(见图 1-8)可以得到一元二次不等式 $ax^2+bx+c>0$ 或 $ax^2+bx+c<0(a\neq 0)$ 的解.

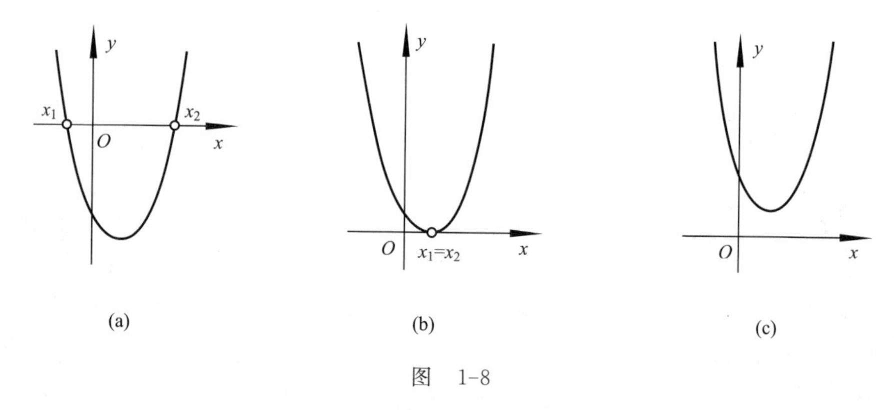

图 1-8

(1) 当 $\Delta=b^2-4ac>0$ 时,如图 1-8(a)所示,方程 $ax^2+bx+c=0$ 有两个不同的实数解 $x_1,x_2(x_1<x_2)$,一元二次函数 $y=ax^2+bx+c$ 的图像与 x

轴有两个交点$(x_1,0)$,$(x_2,0)$,此时不等式 $ax^2+bx+c>0$ 的解集为$(-\infty,x_1)\cup(x_2,+\infty)$,不等式 $ax^2+bx+c<0$ 的解集为(x_1,x_2).

(2) 当 $\Delta=b^2-4ac=0$ 时,如图 1-8(b)所示,方程 $ax^2+bx+c=0$ 有两个相同的实数解 $x_1=x_2$,一元二次函数 $y=ax^2+bx+c$ 的图像与 x 轴只有一个交点$(x_1,0)$,此时不等式 $ax^2+bx+c>0$ 的解集为$(-\infty,x_1)\cup(x_1,+\infty)$,不等式 $ax^2+bx+c<0$ 的解集为$\varnothing$.

(3) 当 $\Delta=b^2-4ac<0$ 时,如图 1-8(c)所示,方程 $ax^2+bx+c=0$ 没有实数解,一元二次函数 $y=ax^2+bx+c$ 的图像与 x 轴没有交点,此时不等式 $ax^2+bx+c>0$ 的解集为$(-\infty,+\infty)$,不等式 $ax^2+bx+c<0$ 的解集为$\varnothing$.

综上所述,当 $a>0$ 时,一元二次不等式的解集见表 1-1 所示.

表 1-1　一元二次不等式的解集($a>0$)

$\Delta=b^2-4ac$	$\Delta>0$	$\Delta=0$	$\Delta<0$
二次函数 $y=ax^2+bx+c$ ($a>0$)的图像	$y=ax^2+bx+c$ y, x_1, x_2, O, x	$y=ax^2+bx+c$ y, O, $x_1=x_2$, x	$y=ax^2+bx+c$ y, O, x
一元二次方程 $y=ax^2+bx+c$ 的根	有两相异实根 $x_1,x_2(x_1<x_2)$	有两相等实根 $x_1=x_2=-\dfrac{b}{2a}$	无实根
$ax^2+bx+c>0$ 的解集	$(-\infty,x_1)\cup(x_2,+\infty)$	$(-\infty,x_1)\cup(x_1,+\infty)$	$(-\infty,+\infty)$
$ax^2+bx+c\geqslant0$ 的解集	$(-\infty,x_1]\cup[x_2,+\infty)$	$(-\infty,+\infty)$	$(-\infty,+\infty)$
$ax^2+bx+c<0$ 的解集	(x_1,x_2)	$\varnothing$	$\varnothing$
$ax^2+bx+c\leqslant0$ 的解集	$[x_1,x_2]$	$\{x_1\}$	$\varnothing$

【例 1】 解下列不等式:

(1) $x^2-4x+3\leqslant0$;　(2) $x^2-4x+4<0$;　(3) $-x^2+4x-8<0$.

解　(1) 因为 $\Delta=(-4)^2-4\times1\times3=4>0$,方程 $x^2-4x+3=0$ 有两个不同的实根 $x_1=1$ 和 $x_2=3$,所以不等式 $x^2-4x+3\leqslant0$ 的解集为$[1,3]$.

(2) 因为 $\Delta=(-4)^2-4\times1\times4=0$,方程 $x^2-4x+4=0$ 有两个相同的实根 $x_1=x_2=2$,所以不等式 $x^2-4x+4<0$ 的解集为 $\varnothing$.

(3) 不等式 $-x^2+4x-8<0$ 的二次项系数 $-1<0$,将不等式两边同乘以 -1 得 $x^2-4x+8>0$,方程 $x^2-4x+8=0$ 没有实数根,所以不等式 $-x^2+4x-8<0$ 的解集为 **R**.

4. 含绝对值的不等式

1) 含绝对值不等式的概念

绝对值符号内含未知数的不等式,叫做含绝对值的不等式.

2) 含绝对值不等式的解集

(1) 不等式 $|x|<c$,$|x|>c$ 的解集.

一般地,如果 $c>0$,那么,

$|x|<c$ 的解集为 $-c<x<c$;

$|x|>c$ 的解集为 $x<-c$ 或 $x>c$.

思考: 如果 $c<0$ 时,不等式 $|x|<c$,$|x|>c$ 的解集是什么?

(2) 不等式 $|ax+b|<c$,$|ax+b|>c$ 的解集.

如果 $c>0$,令 $t=ax+b$,那么不等式 $|ax+b|<c$,$|ax+b|>c$ 可化为

$$|t|<c,\quad |t|>c,$$

其解集分别为 $-c<t<c$,$t<-c$ 或 $t>c$,即

$$|ax+b|<c\Rightarrow -c<ax+b<c;$$

$$|ax+b|>c\Rightarrow ax+b<-c \text{ 或 } ax+b>c.$$

【例 2】 写出下列不等式的解集:

(1) $|x|\leqslant5$; (2) $|x|>2$; (3) $|x|>0$; (4) $|x|\leqslant-3$.

解 (1) $\{x\,|\,-5\leqslant x\leqslant5\}$; (2) $\{x\,|\,x<-2 \text{ 或 } x>2\}$;

(3) $\{x\,|\,x\neq0\}$; (4) $\varnothing$.

【例 3】 解下列不等式:

(1) $|2x-1|\leqslant5$; (2) $|3x+1|\geqslant5$.

解 (1) 原不等式等价于 $-5\leqslant2x-1\leqslant5$,

化简得

$$-4\leqslant2x\leqslant6,$$

解得

$$-2\leqslant x\leqslant3,$$

因此,原不等式的解集为 $[-2,3]$.

(2) 原不等式等价于 $3x+1\leqslant-5$ 或 $3x+1\geqslant5$,

解得

$$x\leqslant-2 \quad \text{或} \quad x\geqslant\frac{4}{3}.$$

因此,原不等式的解集为 $(-\infty,-2]\cup\left[\frac{4}{3},+\infty\right)$.

1.3.4　不等式的应用

不等式在日常生活、经济等领域中有着重要的应用，下面我们举例说明不等式的实际应用.

【例 4】 某商店出售一种文具用品，进货价为 10 元/件. 如果以每件16 元的价格出售，那么每周可以售出 60 件；如果每件价格提高 1 元，那么每周销量要相应减少 2 件，如果每周赢利不低于 640 元，那么这文具用品的定价范围应为多少？

解　设这种文具用品的定价为 x 元/件，售价提高了 $(x-16)$ 元，则每周销售量减少了 $2(x-16)$ 件，每周的实际销售量为 $60-2(x-16)$ 件.

依题意，x 应满足不等式

$$(x-10)[60-2(x-16)]\geqslant 640,$$

整理得

$$x^2-56x+780\leqslant 0,$$

解得

$$26\leqslant x\leqslant 30.$$

所以，为使每周赢利不低于 640 元，这种文具用品的定价范围为 $[26,30]$ 元.

均值定理：对于任意两个正数 a,b，都有 $\frac{a+b}{2}\geqslant\sqrt{ab}$. 当且仅当 $a=b$ 时，等号成立. 均值定理又称基本不等式，在求函数最值中有着非常重要的应用.

【例 5】 用长为 60 m 的材料围成一个矩形场地，其中一面靠墙，求长和宽各为多少时，围成的矩形面积最大.

解　如图 1-9 所示，设矩形的长为 x m，宽为 y m，则

$$x+2y=60,\quad x>0,\quad y>0.$$

又设矩形的面积为 S m^2，由题意，得

$$S=xy.$$

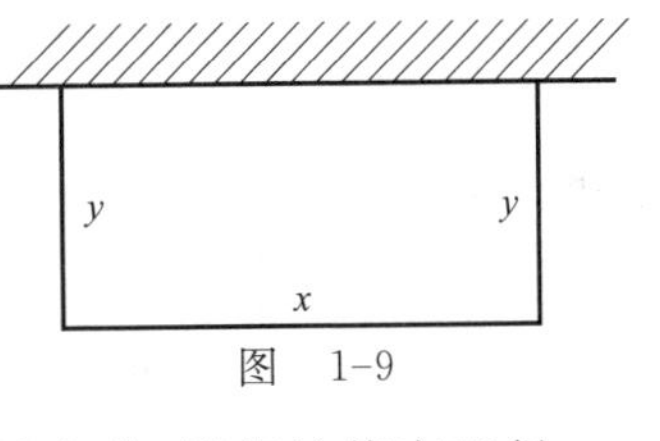

图　1-9

问题转化为，当 $x+2y=60$ 时，求 xy 的最大值. 根据均值定理得

$$\sqrt{x\cdot 2y}\leqslant\frac{x+2y}{2}=30,$$

当且仅当 $x=2y=30$ 时，等号成立.

因此当长为 30 m，宽为 15 m 时，围成的矩形面积最大.

阅读材料

数学运算符号漫长引入过程

我们现在使用的世界通用的运算符号是经过了很长时间由多位数学家渐次引进的.

15 世纪，德国数学家魏德美正式确定："＋"用作加号，"－"用作减号. 乘号曾经用过十几种，现在通用两种. 一个是"×"，最早是英国数学家奥屈特于 1631 年提出的；一个是"·"，最早是英国数学家赫锐奥特提出的. 德国数学家莱布尼茨认为："×"号像拉丁字母"X"，加以反对，而赞成用"·"号. 到了十八世纪，美国数学家欧德莱确定把"×"作为乘号. 他认为"×"是"＋"斜起来写，是另一种表示增加的符号.

"÷"最初作为减号，在欧洲大陆长期流行. 直到 1631 年英国数学家奥屈特用"："表示除或比，另外有人用"—"(除线)表示除. 后来瑞士数学家拉哈在他所著的《代数学》中正式将"÷"作为除号.

习 题 1.3

1. 分别用集合的描述法和区间表示法写出下列不等式的解集，并在数轴上表示：

(1) $x>2$；　　(2) $4<x\leqslant 8$；　　(3) $x\leqslant -4$.

2. 解下列不等式和不等式组：

(1) $3(x-2)\leqslant 4x+4$；

(2) $\dfrac{x-1}{3}-4\geqslant x$；

(3) $\begin{cases}2x-5>3\\3(x-3)\leqslant 2x+1\end{cases}$；

(4) $x^2+2x-3\leqslant 0$；

(5) $x^2+16\leqslant 8x$；

(6) $-x^2+5x-6<0$.

3. 某商场从厂家直接购进甲、乙、丙三种不同型号的冰箱共 80 台. 其中，甲种冰箱的台数是乙种冰箱台数的 2 倍，购买 3 种冰箱的总金额不超过 132 000 元. 已知甲、乙、丙三种电冰箱每台的出厂价格分别为 1 200 元、1 600 元和 2 000 元. 那么该商场购进的乙种冰箱至少为多少台？

4. 用一根铝条围成 64 m^2 的矩形框，如何设计长和宽使用料最省？

1.4 函数的概念和性质

函数是重要的数学概念之一，是用数学的语言来描述客观世界变化规律的主要工具. 函数概念及其反映出的数学方法在现实生活、社会、经济及其他学科中有着广泛的应用.

1.4.1　函数的概念

1. 函数的定义

在观察和研究问题时,经常会遇到各种各样的量,例如时间、速度、位移、质量、长度、面积、体积、消费金额、营业收入等. 在研究过程中始终保持不变的量称为**常量**,常量一般用 a,b,c 等字母表示;在研究过程中可以取不同数值的量称为**变量**,变量一般用 x,y,z 等字母来表示.

在研究过程中,一般问题中各个量并不是独立变化的,它们之间往往存在依存关系.

【例 1】 某物体以 5 m/s 做匀速直线运动,从开始运动时算起经过的时间设为 t(s),在这段时间内物体走过的路程设为 s(m). 那么,s 和 t 有如下关系:

$$s=5t \quad (t\geqslant 0).$$

对变量 t 和 s,当 t 在$[0,+\infty)$内任取一定值 t_0,s 都有唯一确定的值 $s_0=5t_0$ 与之对应.

【例 2】 在某一电路中,电源电压保持不变,则电流 I 与电阻 R 之间有如下关系:

$$I=\frac{U}{R} \quad (R>0).$$

对变量 I 和 R,当 R 在$(0,+\infty)$内任取一定值 R_0,I 都有唯一确定的值$I_0=\frac{U}{R_0}$与之对应.

两个变量的这种对应关系,就是函数概念的本质.

定义 1 在某一变化过程中有两个变量 x 和 y,D 为一非空数集. 如果对于变量 x 在其变化范围 D 内任意取定的每一个值,按照对应法则 f 都有唯一确定的数值 y 与之对应,则称 f 为定义在数集 D 上的函数,记作

$$y=f(x) \quad (x\in D),$$

其中,x 称为**自变量**,y 称为**因变量**,自变量 x 的变化范围 D 称为函数的**定义域**.

当 x 取数值 $x_0\in D$ 时,根据对应法则 f 所确定的因变量 y 的值称为函数在点 x_0 处的函数值,记作 $f(x_0)$或 $y|_{x=x_0}$. 当 x 遍取 D 的各个数值时,全体函数值组成的数集

$$W=\{y\,|\,y=f(x),x\in D\}$$

称为函数的**值域**.

2. 函数的两个要素

定义域D和对应法则f唯一确定函数$y=f(x)$，所以定义域和对应法则称为函数的两个要素，而函数的值域可由定义域和对应法则确定. 如果函数的两个要素相同，那么它们就是相同的函数，否则，就是不同的函数.

函数的定义域通常按以下两种情形来确定：一种是有实际背景的函数，函数的定义域是根据问题的实际意义确定. 一种是不考虑函数的实际意义，而抽象地研究用解析式表达的函数，则规定函数的定义域是使解析式有意义的一切实数值.

在不考虑实际意义的情形下，确定函数的定义域时通常考虑：

(1) 分式的分母不为零；

(2) 偶次根式的被开方式必须大于或等于零；

(3) 对数的真数大于零；

(4) 正切符号下式子不等于$\frac{\pi}{2}+k\pi, k\in\mathbf{Z}$，余切符号下式子不等于$k\pi$，$k\in\mathbf{Z}$；

(5) 反正弦、反余弦符号下式子的绝对值小于等于1；

(6) 如果函数表达式中含有上述几种函数，则该函数的定义域为各部分定义域的交集.

【例3】 已知函数$y=f(x)=x^2+1$，求$f(3)$，$f(a+1)$，$f\left(\frac{1}{x}\right)$.

解 $f(3)=3^2+1=10$，

$f(a+1)=(a+1)^2+1=a^2+2a+2$，

$f\left(\frac{1}{x}\right)=\left(\frac{1}{x}\right)^2+1=\frac{1}{x^2}+1$.

【例4】 判断下列函数是否是相同的函数：

(1) $y=x$ 和 $y=\frac{x^2}{x}$； (2) $y=\ln x^3$ 和 $y=3\ln x$； (3) $y=\cos x$ 和 $y=\sqrt{1-\sin^2 x}$.

解 (1) 函数$y=x$的定义域为$(-\infty,+\infty)$，而函数$y=\frac{x^2}{x}$的定义域为$(-\infty,0)\cup(0,+\infty)$，两个函数定义域不同，故不是同一个函数.

(2) 两个函数定义域与对应法则都相同，故是同一个函数.

(3) 函数$y=\cos x$和$y=\sqrt{1-\sin^2 x}$的定义域都是$(-\infty,+\infty)$，但$y=\sqrt{1-\sin^2 x}=|\cos x|$，与函数$y=\cos x$的对应法则不同，故不是同一个函数.

【例 5】 求下列函数的定义域：

(1) $y=x^2+4x-2$； (2) $y=\sqrt{x^2-1}$； (3) $y=\ln(2x-1)+\dfrac{1}{x-1}$.

解 (1) 函数 $y=x^2+4x-2$ 为多项式函数，当 x 取任何实数时，y 都有唯一确定的值与之对应，所以该函数的定义域为$(-\infty,+\infty)$.

(2) 若使函数有意义，则 $x^2-1\geqslant 0$，即 $x\geqslant 1$ 或 $x\leqslant -1$，所以函数的定义域为$(-\infty,-1]\cup[1,+\infty)$.

(3) 若使函数有意义，则$\begin{cases}2x-1>0\\x-1\neq 0\end{cases}$，即$\begin{cases}x>\dfrac{1}{2}\\x\neq 1\end{cases}$，所以函数的定义域为$\left(\dfrac{1}{2},1\right)\cup(1,+\infty)$.

1.4.2　函数的三种表示方法

1. 解析式法

用一个(或几个)数学式子表示函数关系的方法称为**解析式法**，也称为**公式法**. 例如 $y=2x^2$，$s=5t$ 都是用解析式表示函数的. 解析式法表示函数的优点一是简明、全面地概括了变量间的关系；二是可以通过解析式求出任意一个自变量的值所对应的函数值.

一个函数的解析式可能不唯一，例如绝对值函数 $y=|x|=\begin{cases}x & 当\ x\geqslant 0\\-x & 当\ x<0\end{cases}$，也可以表示为 $y=\sqrt{x^2}$.

2. 表格法

将自变量的取值与对应的函数值列成表格表示函数的方法称为表格法. 例如数学用表中的三角函数表、对数表，列车时刻表，银行的利息表等都是用表格法表示函数. 表格法表示函数的优点是不需要计算就可以直接看出与自变量的值相对应的函数值.

3. 图示法

图示法是指在坐标系中用图形来表示函数的方法. 函数 $y=f(x)$在坐标平面 xOy 上的图像通常是一条曲线.

把抽象的函数与直观的图像结合起来研究函数是学习数学的方便之门，这种方法不仅直观性强，而且便于观察函数的变化趋势.

1.4.3　函数的几种性质

函数的性质实际上是“宏观”地反映了函数在某些方面的“概貌”.

1. 奇偶性

设函数 $y=f(x)$ 的定义域 D 关于原点对称，若对于任意的 $x\in D$ 都有 $f(-x)=f(x)$，则称 $y=f(x)$ 为**偶函数**；若 $f(-x)=-f(x)$，则称 $y=f(x)$ 为**奇函数**. 不是偶函数也不是奇函数的函数，称为**非奇非偶函数**.

例如，$y=x^3$ 为奇函数，$y=x^2+1$ 为偶函数，$y=x+1$ 为非奇非偶函数.

函数奇偶性的几何特征：奇函数的图像关于原点对称，如图 1-10(a)所示；偶函数的图像关于 y 轴对称，如图 1-10(b)所示.

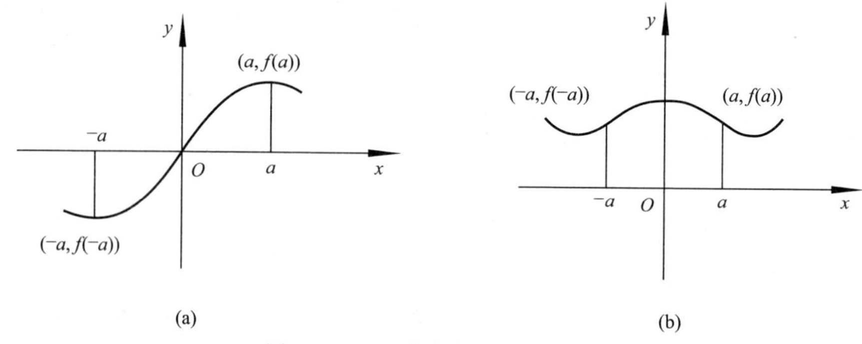

图 1-10 函数奇偶性的几何特征

【例 6】 判断下列函数的奇偶性：

(1) $y=x^3+\sin x$； (2) $y=\dfrac{1+\cos x}{x^2}$.

解 (1) 函数的定义域为 $(-\infty,+\infty)$，关于原点对称，又因为

$$f(-x)=(-x)^3+\sin(-x)=-x^3-\sin x=-(x^3+\sin x)=-f(x).$$

所以函数 $y=x^3+\sin x$ 为奇函数.

(2) 函数的定义域为 $(-\infty,0)\cup(0,+\infty)$，关于原点对称，又因为

$$f(-x)=\frac{1+\cos(-x)}{(-x)^2}=\frac{1+\cos x}{x^2}=f(x).$$

所以函数 $y=\dfrac{1+\cos x}{x^2}$ 为偶函数.

2. 单调性

设函数 $y=f(x)$ 在区间 I 内有定义，对于任意 $x_1<x_2\in I$，若有 $f(x_1)<f(x_2)$，则称 $y=f(x)$ 在区间 I 上**单调增加**，区间 I 称为**单调增区间**；若 $f(x_1)>f(x_2)$，则称 $y=f(x)$ 在区间 I 上**单调减少**，区间 I 称为**单调减区间**. 单调增区间和单调减区间统称为**单调区间**.

函数单调性的几何特征：单调增函数的图形，表现为从左至右向上升的曲线，如图 1-11(a)所示；单调减函数的图形，表现为从左至右向下降的曲线，如图 1-11(b)所示.

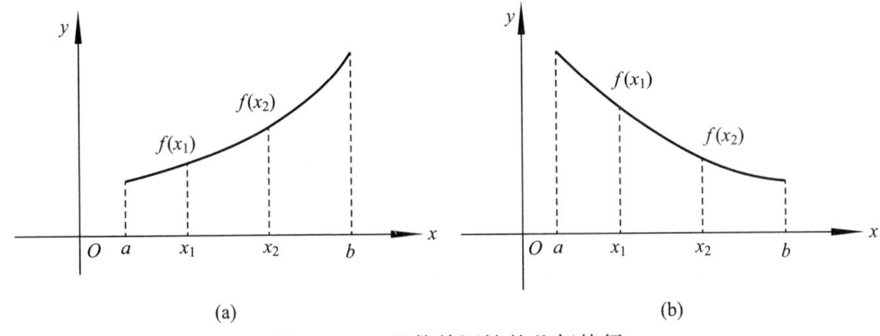

图　1-11　函数单调性的几何特征

例如,$y=x^3$ 在$(-\infty,+\infty)$内都是单调增加的;函数 $y=x^2$ 在区间$(-\infty,0]$内是单调减少的,在区间$[0,+\infty)$内是单调增加的.

3. 周期性

若存在不为零的实数 T,使得函数 $y=f(x)$对于其定义域内任意 $x\in D$,且 $x+T\in D$,都有 $f(x+T)=f(x)$,则称 $y=f(x)$为**周期函数**,其中 T 叫做函数的**周期**,通常周期函数的周期是指它的最小正周期.

例如,$y=\sin x$ 和 $y=\cos x$ 都是以 2π 为周期的周期函数;$y=\tan x$ 和 $y=\cot x$ 都是以 π 为周期的周期函数.

函数周期性的几何特征(见图 1-12):周期函数的图形表现为每隔一个周期重复出现相同的形状,即周期函数的图形可由该函数在定义域内长度为 T 的区间上的图形平移得到.

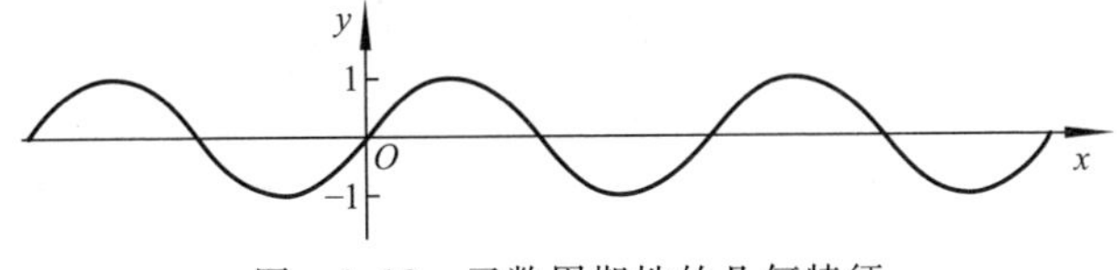

图　1-12　函数周期性的几何特征

4. 函数的有界性

设函数 $y=f(x)$在区间 I 上有定义,若存在正数 M,使得在区间 I 上恒有$|f(x)|\leqslant M$ 成立,则称 $y=f(x)$在区间 I 上**有界**,否则称 $y=f(x)$在区间 I 上**无界**.

函数有界性的几何特征:有界函数的图形必介于两水平直线 $y=M$ 和 $y=-M$ 之间,如图 1-13 所示.

例如,函数 $y=\sin x$ 在$(-\infty,+\infty)$内是有界的,因为可以取 $M=1$,对于任意实数 x,不等式$|\sin x|\leqslant 1$ 都成立. 函数 $y=\dfrac{1}{x}$在区间$(0,1)$内是无界的,但在区间$(1,2)$内是有界的.

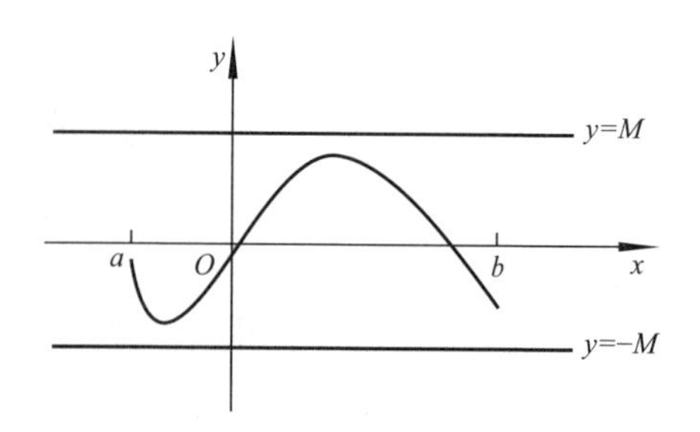

图 1-13 函数有界性的几何特征

1.4.4 反函数

定义 2 设函数 $y=f(x)$的定义域为 D,值域为 W. 如果对于任一数值 $y\in W$,都有唯一的 $x\in D$ 满足 $f(x)=y$,这里如果把 y 看作自变量,x 看作因变量,按照函数的概念,就得到一个新的函数,这个新的函数称为函数 $y=f(x)$的**反函数**,记作 $x=f^{-1}(y)$,其定义域为 W,值域为 D.

由于人们习惯于用 x 表示自变量,而用 y 表示因变量,因此我们将函数 $y=f(x)$的反函数表示为 $y=f^{-1}(x)$.

在同一坐标系下,$y=f^{-1}(x)$与 $y=f(x)$的图像关于直线 $y=x$ 对称,如图 1-14 所示.

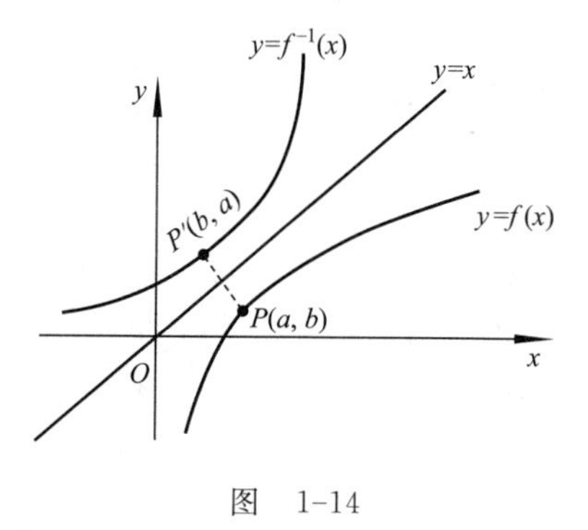

图 1-14

阅读材料

函数概念的发展历程

函数概念是数学中最基本的概念之一,但它不像算术产生于远古时代,函数的产生非常晚,至今只有 300 余年历史.

17 世纪伽俐略在《两门新科学》一书中,包含了函数或称为变量关系的这一概念,用文字和比例的语言表达函数的关系. 1673 年前后笛卡儿在他的解析几何中,已注意到一个变量对另一个变量的依赖关系,但因当时尚未意识到要提炼函数概念,大部分函数是被当作曲线来研究的. 1673 年,莱布尼茨首次使用“function”(函数)表示“幂”,后来他用该词表示曲线上点的横坐标、纵坐标、切线长等曲线上点的有关几何量.与此同时,牛顿在微积分的讨论中使用"流量"来表示变量间的关系.

1718 年约翰·伯努利在莱布尼茨函数概念的基础上对函数概念进行了定义:"由任一变量和常数的任一形式所构成的量".强调函数要用公式来表示. 18 世纪中叶欧拉给出了定义:"一个变量的函数是由这个变量和一些数即常数以任何方式组成的解析表达式".欧拉给出的函数定义比伯努利的定义更普遍、更具有广泛意义.1821 年,柯西从定义变量起给出了定义:"在某些变数间存在着一定的关系,当一经给定其中某一变数的值,其他变数的值可随着而确定时,则将最初的变数叫自变量,其他各变数叫做函数".在定义中,首先出现了自变量一词,同时指出对函数来说不一定要有解析表达式.不过他仍然认为函数关系可以用多个解析式来表示,这是一个很大的局限. 1822 年傅里叶发现某些函数也可用曲线表示,也可用一个式子表示,或用多个式子表示,从而结束了函数概念是否以唯一一个式子表示的争论,把对函数的认识又推进了一个新层次.

1837 年狄利克雷突破了这一局限,认为怎样去建立 x 与 y 之间的关系无关紧要,他拓广了函数概念,指出:"对于在某区间上的每一个确定的 x 值,y 都有一个确定的值,那么 y 叫做 x 的函数."这个定义避免了函数定义中对依赖关系的描述,以清晰的方式被所有数学家接受.这就是人们常说的经典函数定义.

1914 年豪斯道夫在《集合论纲要》中用不明确的概念"序偶"来定义函数,其避开了意义不明确的"变量""对应"概念.库拉托夫斯基于 1921 年用集合概念来定义"序偶"使豪斯道夫的定义很严谨了.

函数概念的发展与生产、生活以及科学技术的实际需要紧密相关,而且随着研究的深入,函数概念不断得到严谨化、精确化的表达,这与我们学习函数的过程是一样的.

习　题 1.4

1. 判断下列各组函数是否相同并说明理由:

(1) $f(x)=x, g(x)=\sqrt{x^2}$;　　(2) $f(x)=\lg x^2, g(x)=2\lg x$;

(3) $f(x)=x-1, g(x)=\frac{x^2-1}{x+1}$；　　(4) $f(x)=\ln 2x, g(x)=2\ln x$.

2. 求下列函数的定义域：

(1) $y=\sqrt{4-x^2}+\lg(x-1)$；　　(2) $y=\sqrt{2-x}+\frac{1}{x^2-1}$.

3. 判断下列函数的奇偶性：

(1) $y=x^3+3x$；　　(2) $y=\sin(x^2+1)$；

(3) $y=\frac{e^x-e^{-x}}{2}$；　　(4) $y=x^2+2x+5$.

1.5 初等函数

1.5.1 基本初等函数

一般地，我们把幂函数、指数函数、对数函数、三角函数和反三角函数五类函数统称为**基本初等函数**.

1. 幂函数

1）幂函数的概念

定义1 形如 $y=x^\alpha(\alpha\in\mathbf{R})$的函数称为幂函数.

幂函数 $y=x^\alpha(\alpha\in\mathbf{R})$的定义域由 α 值确定，具体情况如下：

(1) 当指数 α 是正整数时，函数 $y=x^\alpha$ 的定义域为 $\mathbf{R}$.

例如，$y=x^2$ 的定义域为 $\mathbf{R}$.

(2) 当指数 α 是负整数时，函数 $y=x^\alpha$ 的定义域为$(-\infty,0)\cup(0,+\infty)$.

例如，$y=x^{-2}=\frac{1}{x^2}$的定义域为$(-\infty,0)\cup(0,+\infty)$.

(3) 当指数 α 是正分数时，设 $\alpha=\frac{m}{n}$(m,n 是互质的正整数，$n>1$)，则

$$y=x^{\frac{m}{n}}=\sqrt[n]{x^m}.$$

如果 n 是奇数，函数 $y=x^\alpha$ 的定义域为 $\mathbf{R}$.

例如，$y=x^{\frac{4}{3}}=\sqrt[3]{x^4}$的定义域为 $\mathbf{R}$.

如果 n 是偶数，函数 $y=x^\alpha$ 的定义域为$[0,+\infty)$.

例如，$y=x^{\frac{3}{4}}=\sqrt[4]{x^3}$的定义域为$[0,+\infty)$.

(4) 当指数 α 是负分数时，设 $\alpha=-\frac{m}{n}$(m,n 是互质的正整数，$n>1$)，则

$$y=x^{-\frac{m}{n}}=\frac{1}{\sqrt[n]{x^m}}.$$

如果 n 是奇数，函数 $y=x^{\alpha}$ 的定义域为$(-\infty,0)\cup(0,+\infty)$.

例如，$y=x^{-\frac{4}{3}}=\dfrac{1}{\sqrt[3]{x^4}}$的定义域为$(-\infty,0)\cup(0,+\infty)$.

如果 n 是偶数，函数 $y=x^{\alpha}$ 的定义域为$(0,+\infty)$.

例如，$y=x^{-\frac{1}{2}}=\dfrac{1}{\sqrt{x}}$的定义域为$(0,+\infty)$.

常见的幂函数图像如图 1-15 所示.

说明：求幂函数定义域的常规方法是首先将幂函数化为分式及根式的形式，然后按照前面所述求函数定义域的方法.

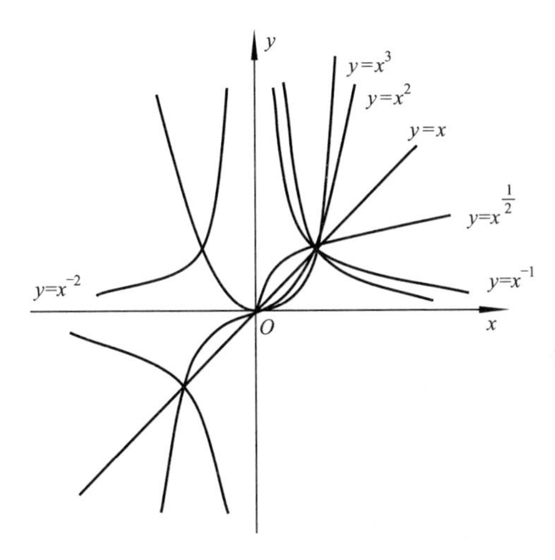

图　1-15　常见的幂函数

2）幂函数的图像和性质

幂函数的定义域依 α 的取值而定，但不论 α 为何值，在$(0,+\infty)$时都有定义，其图像和性质归纳到表 1-2.

表 1-2　幂函数 $y=x^{\alpha}$ 的图像和性质

α 值	$\alpha>0$	$\alpha<0$
图像	y (1,1) O x	y (1,1) O x
性质	(1) 图像都过(0,0)和(1,1)点； (2) 在第一象限内是增函数.	(1) 图像都过(1,1)点； (2) 在第一象限内是减函数.

【例 1】 将下列幂函数化为 $y=x^{\alpha}$ 形式.

(1) $y=\sqrt{x}$；　(2) $y=x^{2}\sqrt{x}$；　(3) $y=\dfrac{1}{\sqrt{x}}$；　(4) $y=\sqrt{x\sqrt{x}}$

解 (1) $y=x^{\frac{1}{2}}$；　(2) $y=x^{\frac{5}{2}}$；　(3) $y=x^{-\frac{1}{2}}$；　(4) $y=x^{\frac{3}{4}}$.

2. 指数函数

问题 1:一个细胞每次分裂为 2 个,那么 1 次分裂为 2 个,2 次分裂为 4 个,…,写出细胞个数 y 与分裂次数 x 的函数关系式.($y=2^{x}$)

问题 2:有人要走完一段路,第一次走这段路的一半,每次走余下路程的一半,请问最后能达到终点吗?请你写出走 x 次后,这段路剩余的路程 y 关于 x 的函数关系式. $\left(y=\left(\dfrac{1}{2}\right)^{x}\right)$

以上两个函数具有以下共同特征:(1)两个函数都是指数幂形式;(2)指数为自变量 x;(3)底为常数.

1) 指数函数的概念

定义 2 形如 $y=a^{x}$($a>0$ 且 $a\neq1$)的函数称为**指数函数**.

指数函数的定义域为($-\infty,+\infty$),值域为($0,+\infty$).

2) 指数函数的图像和性质

指数函数的图像和性质见表 1-3.

表 1-3 指数函数 $y=a^{x}$($a>0$ 且 $a\neq1$)图像和性质

<table>
<tr><td>a 值</td><td>$0<a<1$</td><td>$a>1$</td></tr>
<tr><td>图像</td><td> 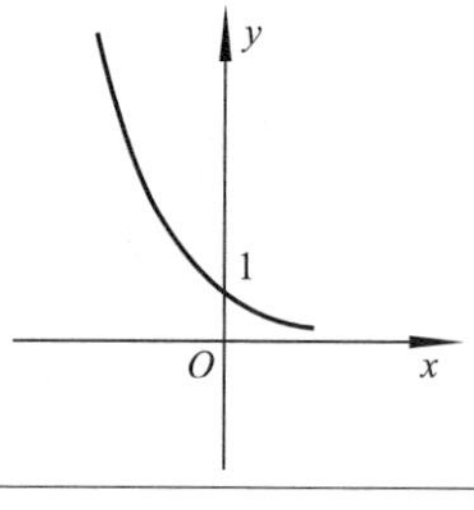</td><td> 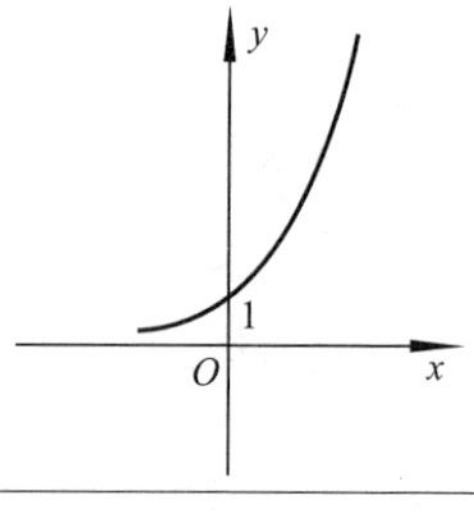</td></tr>
<tr><td>定义域</td><td colspan="2">**R**</td></tr>
<tr><td>值域</td><td colspan="2">$(0,+\infty)$</td></tr>
<tr><td rowspan="3">性质</td><td colspan="2">(1)过定点:过定点(0,1)</td></tr>
<tr><td colspan="2">(2)奇偶性:非奇非偶</td></tr>
<tr><td>(3)单调性:在 **R** 上是减函数</td><td>在 **R** 上是增函数</td></tr>
<tr><td>x 与 y 的对应关系</td><td>当 $x<0$ 时,$y>1$;
当 $x>0$ 时,$0<y<1$</td><td>当 $x<0$ 时,$0<y<1$;
当 $x>0$ 时,$y>1$</td></tr>
</table>

【例 2】 下列指数函数在$(-\infty,+\infty)$是增函数还是减函数?

(1) $y=4^x$; (2) $y=\left(\dfrac{3}{4}\right)^x$; (3) $y=2^{-x}$.

解 (1) 因为$a=4>1$,所以$y=4^x$在$(-\infty,+\infty)$是增函数;

(2) 因为$a=\dfrac{3}{4}<1$,所以$y=\left(\dfrac{3}{4}\right)^x$在$(-\infty,+\infty)$是减函数;

(3) $y=2^{-x}=\left(\dfrac{1}{2}\right)^x$,因为$a=\dfrac{1}{2}<1$,所以$y=2^{-x}$在$(-\infty,+\infty)$是减函数.

3. 对数函数

1) 对数函数的概念

定义 3 把形如$y=\log_a x$称为**对数函数**,其中$a>0$且$a\neq 1$. 对数函数的定义域为$(0,+\infty)$,值域为$(-\infty,+\infty)$.

2) 对数函数的图像和性质(见表 1-4)

表 1-4 对数函数 $y=\log_a x$($a>0$ 且 $a\neq 1$)图像和性质

a 值	$a>1$	$0<a<1$
图像	y, x, O, $(1,0)$	y, x, O, $(1,0)$
定义域	$(0,+\infty)$	
值域	**R**	
性质	(1) 过定点:$(1,0)$即$x=0$时,$y=1$	
	(2) 单调性:在$(0,+\infty)$上是增函数	在$(0,+\infty)$上是减函数
	(3) 奇偶性:不具有奇偶性	
x与y的对应关系	当$0<x<1$时,$y<0$; 当$x>1$时,$y>0$.	当$0<x<1$时,$y>0$; 当$x>1$时,$y<0$.

【例 3】 某城市现有人口总数为 100 万人,如果年自然增长率为 1.2%,试解答下面的问题:

(1) 写出该城市人口总数y(万人)与年份x(年)的函数关系式;

(2) 计算 10 年以后该城市人口总数(精确到 0.1 万人);

(3) 计算大约多少年以后该城市人口将达到 120 万人(精确到 1 年).

解 (1) 1 年后该城市人口总数为 $y=100+100\times1.2\%=100(1+1.2\%)$,

2 年后该城市人口总数为

$y=100(1+1.2\%)+100(1+1.2\%)\times1.2\%=100(1+1.2\%)^2$,

同理,3 年后该城市人口总数为

$$y=100(1+1.2\%)^3,$$

x 年后该城市人口总数为

$$y=100(1+1.2\%)^x(x\in\mathbf{N}).$$

(2) 10 年后人口总数为

$$y=100(1+1.2\%)^{10}\approx112.7(\text{万}).$$

(3) 设 x 年后该城市人口将达到 120 万人,即 $100(1+1.2\%)^x=120$,

$$x=\log_{1.012}1.2\approx16(\text{年}).$$

因此,大约 16 年以后城市人口将达到 120 万人.

4. 三角函数

1) 锐角的三角函数

做直角三角形 Rt$\triangle AOB$,如图 1-16 所示,设角 α 的对边长为 x,邻边长为 y,斜边长为 r,则锐角三角函数定义如下:

正弦:$\sin\alpha=\dfrac{\text{对边}}{\text{斜边}}$; 余弦:$\cos\alpha=\dfrac{\text{邻边}}{\text{斜边}}$;

正切:$\tan\alpha=\dfrac{\text{对边}}{\text{邻边}}$; 余切:$\cot\alpha=\dfrac{\text{邻边}}{\text{对边}}$;

正割:$\sec\alpha=\dfrac{\text{斜边}}{\text{邻边}}$; 余割:$\csc\alpha=\dfrac{\text{斜边}}{\text{对边}}$.

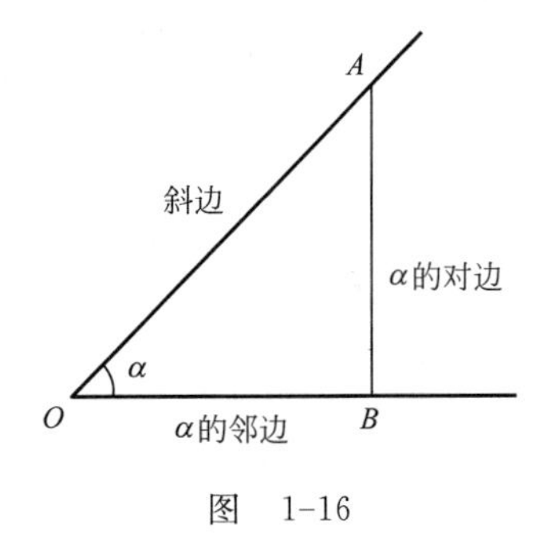

图 1-16

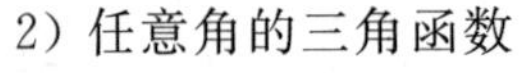

2) 任意角的三角函数

如图 1-17 所示,在直角坐标系 xOy 中,任意角的终边为 OA,在 OA 上任取一点 P,如果点 P 的坐标为(x,y),P 到原点 O 的距离为 r,那么定义任意角 α 的三角函数如下:

正弦函数:$\sin\alpha=\dfrac{y}{r}$; 余弦函数:$\cos\alpha=\dfrac{x}{r}$;

正切函数:$\tan\alpha=\dfrac{y}{x}$; 余切函数:$\cot\alpha=\dfrac{x}{y}$;

正割函数:$\sec\alpha=\dfrac{r}{x}$; 余割函数 $\csc\alpha=\dfrac{r}{y}$.

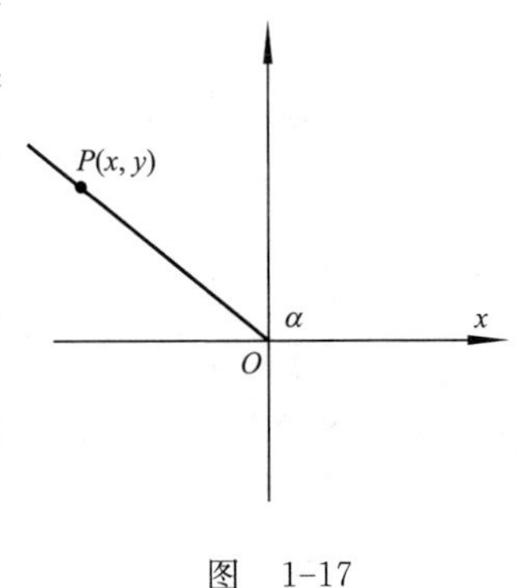

图 1-17

说明：当 α 为锐角时，上述定义的三角函数与在直角三角形中所定义的三角函数是一致的.

由三角函数的定义可得一些特殊角的三角函数值见表 1-5.

表 1-5　特殊角度的三角函数值

α	0 $(0°)$	$\frac{\pi}{6}$ $(30°)$	$\frac{\pi}{4}$ $(45°)$	$\frac{\pi}{3}$ $(60°)$	$\frac{\pi}{2}$ $(90°)$	π $(180°)$
sin	0	$\frac{1}{2}$	$\frac{\sqrt{2}}{2}$	$\frac{\sqrt{3}}{2}$	1	0
cos	1	$\frac{\sqrt{3}}{2}$	$\frac{\sqrt{2}}{2}$	$\frac{1}{2}$	0	-1
tan	0	$\frac{\sqrt{3}}{3}$	1	$\sqrt{3}$	不存在	0

3）三角函数的基本关系式

常用的三角函数关系式总结如下（证明略）.

平方关系：$\sin^2\alpha+\cos^2\alpha=1$；　$\sec^2\alpha=1+\tan^2\alpha$；　$\csc^2\alpha=1+\cot^2\alpha$.

商数关系：$\tan\alpha=\dfrac{\sin\alpha}{\cos\alpha}$；　$\cot\alpha=\dfrac{\cos\alpha}{\sin\alpha}$.

倒数关系：$\tan\alpha=\dfrac{1}{\cot\alpha}$；　$\sec\alpha=\dfrac{1}{\cos\alpha}$；　$\csc\alpha=\dfrac{1}{\sin\alpha}$.

诱导公式：$\sin(\pi-\alpha)=\sin\alpha$；　$\cos(\pi-\alpha)=-\cos\alpha$；

$$\sin\left(\frac{\pi}{2}-\alpha\right)=\cos\alpha;\quad \cos\left(\frac{\pi}{2}-\alpha\right)=\sin\alpha.$$

倍角公式：$\sin 2\alpha=2\sin\alpha\cos\alpha$；

$$\cos 2\alpha=\cos^2\alpha-\sin^2\alpha=2\cos^2\alpha-1=1-2\sin^2\alpha;$$

$$\tan 2\alpha=\frac{2\tan\alpha}{1-\tan^2\alpha}.$$

降幂公式：$\cos^2\alpha=\dfrac{1+\cos 2\alpha}{2}$；$\sin^2\alpha=\dfrac{1-\cos 2\alpha}{2}$.

4）三角函数的图像和性质

函数的图像和性质见表 1-6.

表 1-6　三角函数图像和性质

函数	定义域	图像	性质
$y=\sin x$	$(-\infty,+\infty)$	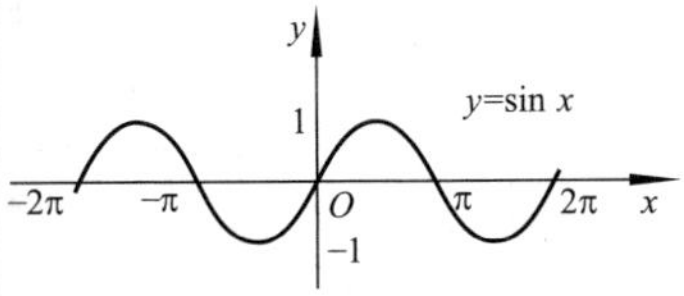	(1) 奇函数； (2) 周期 $T=2\pi$； (3) 有界； (4) 在区间 $\left[-\frac{\pi}{2}+2k\pi,\frac{\pi}{2}+2k\pi\right]$ $(k\in\mathbf{Z})$ 上单调增加，在区间 $\left[\frac{\pi}{2}+2k\pi,\frac{3\pi}{2}+2k\pi\right]$ $(k\in\mathbf{Z})$ 上单调减少.
$y=\cos x$	$(-\infty,+\infty)$	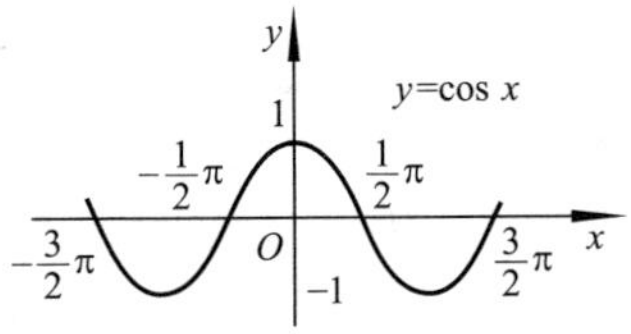	(1) 偶函数； (2) 周期 $T=2\pi$； (3) 有界； (4) 在区间 $[(2k-1)\pi,2k\pi]$ $(k\in\mathbf{Z})$ 上单调增加，在区间 $[2k\pi,(2k+1)\pi]$ $(k\in\mathbf{Z})$ 上单调减少.
$y=\tan x$	$\left\{x\mid x\neq k\pi+\frac{\pi}{2},k\in\mathbf{Z}\right\}$	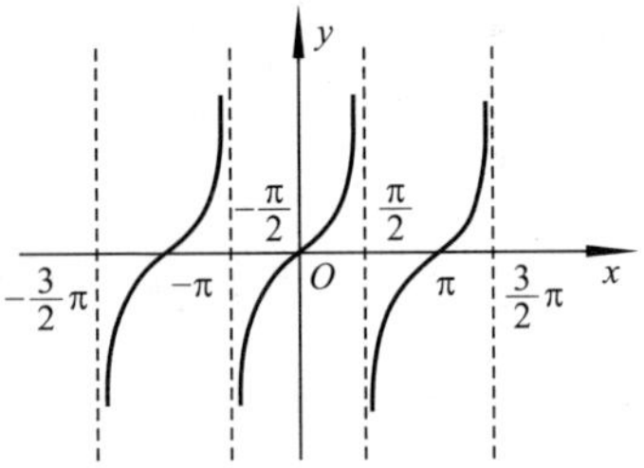	(1) 奇函数； (2) 周期 $T=\pi$； (3) 无界； (4) 在区间 $\left(-\frac{\pi}{2}+k\pi,\frac{\pi}{2}+k\pi\right)$ $(k\in\mathbf{Z})$ 上单调增加.
$y=\cot x$	$\{x\mid x\neq k\pi,k\in\mathbf{Z}\}$	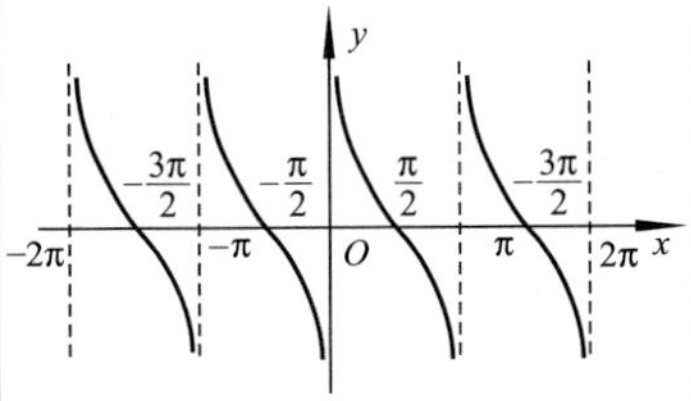	(1) 奇函数； (2) 周期 $T=\pi$； (3) 无界； (4) 在区间 $(k\pi,(k+1)\pi)$ $(k\in\mathbf{Z})$ 上单调减少.

*5. 反三角函数

反三角函数是三角函数的反函数，由于三角函数具有周期性，在其定义域内，对应于同一个函数值 y 的自变量值 x 有无穷多个，不是一一对应关系，因此三角函数在其定义域内不存在反函数，但我们仍可以在部分区间上考虑其反函数.

例如，正弦函数 $y=\sin x\ \left(-\frac{\pi}{2}\leqslant x\leqslant\frac{\pi}{2}\right)$的反函数记为 $y=\arcsin x$，其定义域为$[-1,1]$，值域为$\left[-\frac{\pi}{2},\frac{\pi}{2}\right]$.

反三角函数的图像和性质如表 1-7 所示.

表 1-7　反三角函数图像和性质

函数	定义域	值域	图像	性质
$y=\arcsin x$	$[-1,1]$	$\left[-\frac{\pi}{2},\frac{\pi}{2}\right]$	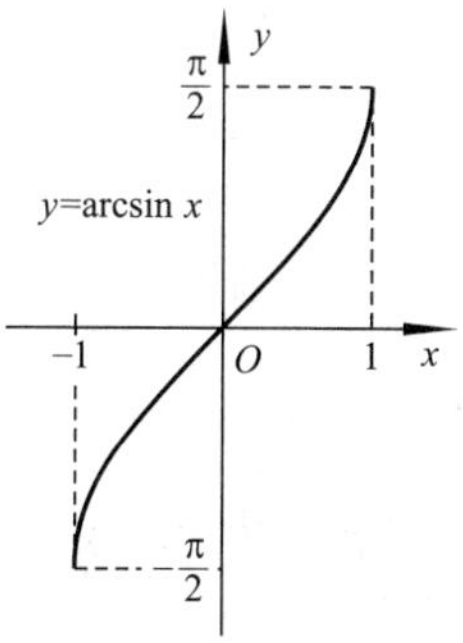	(1) 奇函数； (2) 有界； (3) 单调增加
$y=\arccos x$	$[-1,1]$	$[0,\pi]$	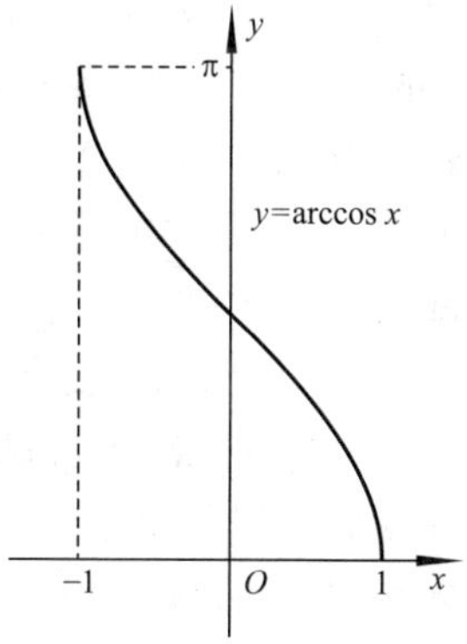	(1) 有界； (2) 单调减少.

续表

函数	定义域	值域	图像	性质
$y=\arctan x$	$(-\infty,+\infty)$	$\left(-\frac{\pi}{2},\frac{\pi}{2}\right)$	$y=\arctan x$	(1) 奇函数；(2) 有界；(3) 单调增加.
$y=\text{arccot}\, x$	$(-\infty,+\infty)$	$(0,\pi)$	$y=\text{arccot}\, x$	(1) 有界；(2) 单调减少.

1.5.2 简单函数和复合函数

一般地，我们将基本初等函数和常数经过有限次的四则运算得到的函数称为**简单函数**. 例如：$y=3x-2$，$y=x\cos x$，$y=\dfrac{e^x}{1+x}$等，这些函数都是简单函数. 当然基本初等函数本身也是简单函数.

而复合函数则是将一个函数的自变量替换成另一个函数所得的新函数.

定义 4 设 $y=f(u)$，而 $u=\varphi(x)$，且函数 $u=\varphi(x)$的值域全部或部分包含在函数 $y=f(u)$的定义域内，那么 y 通过 u 的联系成为 x 的函数，我们把 y 称为 x 的**复合函数**，记作 $y=f[\varphi(x)]$，其中 u 称为**中间变量**.

一般地，称 $y=f(u)$为**外层函数**，它是因变量 y 与中间变量 u 的函数关系；$u=\varphi(x)$为**内层函数**，它是中间变量 u 与自变量 x 的函数关系.

【例 4】 求函数 $y=u^2$，$u=\sin x$ 复合而成的函数.

解 将 $u=\sin x$ 代入到 $y=u^2$ 中，即得所求复合函数 $y=\sin^2 x$.

在例 4 中 $y=\sin^2 x$ 是通过一次复合运算而成的. 一个复合函数可能由三个或更多的函数复合而成，例如：由函数 $y=2^u$，$u=\sin v$ 和 $v=3x$ 可以复合成函数 $y=2^{\sin 3x}$，其中 u 和 v 都是中间变量. 一般地说，复合运算的次数越多，函数越复杂.

要认识复合函数的结构必须要认识其复合过程,也就要理解复合函数如何进行分解.通常采取由外层到内层分解的办法,将复合函数拆成若干简单函数的复合.

【例 5】 指出下列复合函数的结构:

(1) $y=\tan 2x$; (2) $y=(1-x)^3$; (3) $y=\cos\sqrt{2x+1}$.

解 (1) $y=\tan 2x$ 是由简单函数 $y=\tan u, u=2x$ 复合而成;

(2) $y=(1-x)^3$ 是由简单函数 $y=u^3, u=1-x$ 复合而成;

(3) $y=\cos\sqrt{2x+1}$是由简单函数 $y=\cos u, u=\sqrt{v}, v=2x+1$ 复合而成.

说明:复合函数的分解方法可以归纳为口诀"由外向里,逐层分解,直至简单函数".

1.5.3 初等函数与分段函数

初等函数和分段函数是微积分的主要研究对象.

定义 5 由基本初等函数及常数经过有限次四则运算和有限次复合构成,并且可以用一个解析式表示的函数,称为**初等函数**.

例如,$y=\sin 2x+(x+1)^2$, $y=\sqrt{\ln x}+\dfrac{\cos x}{1+x^2}$都是初等函数.

工程技术领域和生活中经常还会遇到这样的函数:在自变量的不同变化范围内有不同的解析式,这样的函数称为**分段函数**.

分段函数的定义域通常为自变量各分段取值区间的并集,分段函数的图像也分段画出,分段函数的函数值也须采用相应区间的解析式进行计算.

例如,$y=\begin{cases} x+1 & \text{当 } x\geqslant 0 \\ e^x & \text{当 } x<0 \end{cases}$就是一个定义在 $\mathbf{R}$ 上分段函数. 注意它不是两个函数.

【例 6】 设有分段函数 $f(x)=\begin{cases} 0 & \text{当} -1<x\leqslant 0 \\ x^2 & \text{当 } 0<x\leqslant 1 \\ 3-x & \text{当 } 1<x\leqslant 2 \end{cases}$,

(1) 画出函数图像;

(2) 求此函数的定义域;

(3) 求 $f\left(-\dfrac{1}{2}\right)$, $f(1)$, $f(\sqrt{2})$的值.

解 (1) 函数图像如图 1-18 所示;

(2) 函数的定义域为$(-1,2]$;

(3) $f\left(-\dfrac{1}{2}\right)=0$, $f(1)=1$,

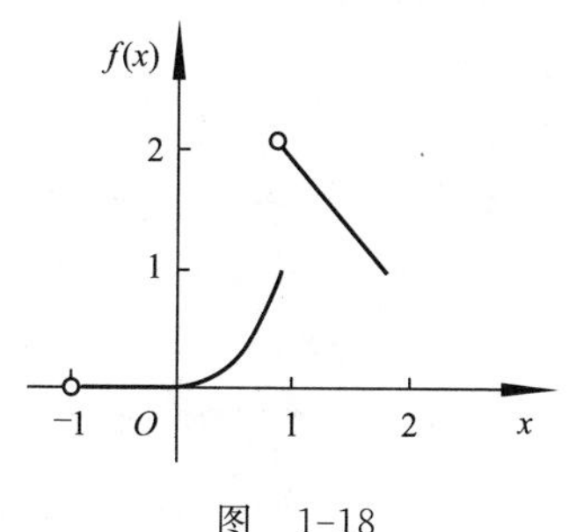

图 1-18

$f(\sqrt{2})=3-\sqrt{2}$.

【例 7】 某城市出台出租车价格标准:起步价为 2 km 以内 8 元,超过 2 km 的里程 1.6 元/km 收费,如果不考虑其他情形,求打车费用 y(元)与行驶里程 x(km)之间的函数关系.

解 当 $0<x\leqslant 2$ 时,$y=8$;当 $x>2$ 时,$y=8+1.6(x-2)=1.6x+4.8$,因此打车费用 y(元)与行驶里程 x(km)之间的函数关系可表示为分段函数

$$y=\begin{cases}8 & \text{当 } 0<x\leqslant 2\\ 1.6x+4.8 & \text{当 } x>2\end{cases}.$$

分段函数一般不是初等函数,因为它们大多不能由基本初等函数经过有限次的四则运算复合得到. 但也有例外,如绝对值函数 $y=|x|=\begin{cases}x & \text{当 } x\geqslant 0\\ -x & \text{当 } x<0\end{cases}$,可表示为 $y=\sqrt{x^2}$,而 $y=\sqrt{x^2}$ 可由函数 $y=\sqrt{u}$,$u=x^2$ 复合而成,显然它是初等函数.

阅读材料

"延长天文学家寿命的发现"——纳皮尔发现对数

自古以来,人们的日常生活和所从事的许多领域,都离不开数值计算,并且随着人类社会的进步,对计算的速度和精确程度的需要愈来愈高,这就促进了计算技术的不断发展. 印度阿拉伯记数法、十进小数和对数是文艺复兴时期计算技术的三大发明,它们是近代数学得以产生和发展的重要条件. 其中对数的发现,曾被 18 世纪法国大数学家、天文学家拉普拉斯评价为"用缩短计算时间延长了天文学家的寿命".

对数的基本思想可以追溯到古希腊时代. 早在公元前 500 年,阿基米德就研究过几个 10 的连乘积与 10 的个数之间的关系.

15、16 世纪,天文学得到了较快的发展. 为了计算星球的轨道和研究星球之间的位置关系,需要对很多的数据进行乘、除、乘方和开方运算. 由于数字太大,为了得到一个结果,常常需要运算几个月的时间. 繁难的计算苦恼着科学家,能否找到一种简便的计算方法? 数学家们在探索、在思考. 如果能用简单的加减运算来代替复杂的乘除运算那就太好了! 这一梦想终于被英国数学家纳皮尔实现了.

纳皮尔于 1550 年生于苏格兰爱丁堡的贵族家庭,他 13 岁进入圣安德卢斯大学学习,后来留学欧洲. 纳皮尔研究对数的最初目的就是

为了简化天文问题的球面三角的计算,他也是受到了等比数列的项和等差数列的项之间的对应关系的启发.纳皮尔在两组数中建立了这样一种对应关系:当第一组数按等差数列增加时,第二组数按等比数列减少.于是,后一组数中每两个数之间的乘积关系与前一组数中对应的两个数的和,建立起了一种简单的关系,从而可以将乘法归结为加法运算.在此基础上,纳皮尔借助运动概念与连续的几何量的结合继续研究.

当时,还没有完善的指数概念,也没有指数符号,因而实际上也没有“底”的概念,他把对数称为人造的数.对数这个词是纳皮尔创造的,原意为“比的数”.他研究对数用了20多年时间,1614年,他出版了名为《奇妙的对数定理说明书》的著作,发表了他关于对数的讨论,并包含了一个正弦对数表.

纳皮尔的对数著作引起了广泛的注意,伦敦的一位数学家布里格斯于1616年专程到爱丁堡看望纳皮尔,建议把对数作一些改进,使1的对数为0,10的对数为1等等,这样计算起来更简便,也将更为有用.次年纳皮尔去世,布里格斯独立完成了这一改进,就产生了使用至今的常用对数.1617年,布里格斯发表了第一张常用对数表.

1668年,丹麦籍英国数学家梅卡托研究双曲线下的面积而得出了一个漂亮的级数,用它可以满意地用于计算对数,他把这个对数称为自然对数.欧拉在1748年引入了以a为底的x的对数$\log_a x$这一表示形式,并对指数函数和对数函数作了深入研究.而复变函数的建立,使人们对对数有了更彻底的了解.

对数的出现引起了很大的反响,不到一个世纪,几乎传遍世界,成为不可缺少的计算工具.其简便算法,对当时的世界贸易和天文学中大量繁难计算的简化,起了重要作用,尤其是天文学家几乎是以狂喜的心情来接受这一发现的.1648年,波兰传教士穆尼阁把对数传到中国.

在计算机出现以前,对数是十分重要的简便计算技术,曾得到广泛的应用.对数计算尺几乎成了工程技术人员、科研工作者离不了的计算工具.直到20世纪发明了计算机后,对数的作用才为之所替代.但是,经过几代数学家的耕耘,对数的意义不再仅仅是一种计算技术,而且找到了它与许多数学领域之间千丝万缕的联系,对数作为数学的一个基础内容,表现出极其广泛的应用.

习 题 1.5

1. 将下列幂函数化为 $y=x^{\alpha}$ 形式：

(1) $y=\sqrt[3]{x^{2}}$；　(2) $y=\dfrac{1}{x\sqrt{x}}$；　(3) $y=\sqrt{x\sqrt{x\sqrt{x}}}$.

2. 下列指数函数在$(-\infty,+\infty)$是增函数还是减函数?

(1) $y=3^{x}$；　(2) $y=\dfrac{1}{2^{x}}$；　(3) $y=\dfrac{3^{x}}{2^{x}}$.

3. 某企业研制了一种新产品，今年生产了 3 000 件，计划 5 年内不断更新改造产品，并使每年产量比上年增加 19%. 试建立年产量 y(件)与经过的年份 x(年)之间的函数关系，并求经过多少年后产量翻一番.

4. 求出由所给函数复合而成的函数：

(1) $y=\sin u,\quad u=x^{2}+1$；　(2) $y=u^{3},\quad u=\ln x$；

(3) $y=\sqrt{u},\quad u=\cos v,\quad v=2x$；(4) $y=\mathrm{e}^{u},\quad u=\sin v,\quad v=x-1$.

5. 指出下列复合函数的结构：

(1) $y=\ln(x^{2}+2x)$；　(2) $y=\sqrt{1+x}$；

(3) $y=\sin^{2}(5x)$.

6. 国际航空信件的邮资标准是 10 g 以内邮资 4 元，超过 10 g 超过的部分每克收取 0.3 元，且信件重量不能超过 200 g，试求邮资 y 与信件重量 x 的函数关系式.

应用实践项目一

项目 1　租车问题

A 汽车租赁公司的某款汽车每天租金为 200 元，每千米附加费为 1.2 元. B 汽车租赁公司提供的同款汽车每天租金为 250 元，每千米附加费为 0.8 元.

(1) 分别写出两家公司出租一天这款汽车的费用与行驶里程的函数关系；

(2) 在同一坐标系画出这两个函数的图像；

(3) 租哪家公司的车比较合算?

项目 2　助学贷款问题

某大学生计划从银行贷款 15 000 元，年利率 10%，半年计息一次. 这笔借款在四年内分期等额摊还，每半年还款一次. 第一次还款是从贷款当天起的 6 个月后，问：

(1) 贷款的实际年利率是多少？

(2) 计算每半年应付的偿还额.

(3) 计算第二个半年所付的本金和利息.

项目 3　利润问题

某公司生产一新型手机，每台售价 4 500 元，成本为 3 000 元. 厂家为鼓励销售商大量采购，决定凡是订购量超过 100 台以上的，每多订购一台，售价就降低 2 元(例如，某商行订购了 300 台，订购量比 100 台多 200 台，于是每台就降价 2×200＝400(元)，商行可以按 4 100 元/台的价格购进 300 台)，但最低价为 3 600 元/台.

(1) 把每台的实际售价 表示为订购量 的函数；

(2) 把利润 q 表示成订购量 x 的函数；

(3) 若甲商城订购了 500 台，厂家可获利多少？若乙商城订购了 1 000 台，厂家可获利多少？

项目 4　工薪人员纳税问题

我国于 1993 年 10 月 31 日发布《中华人民共和国个人所得税法》，规定月收入超过 800 元为个人所得税起征点. 随着人民生活水平的提高，个人所得税起征点多次进行调整，2011 年 9 月起，个人所得税的起征点调至 3 500 元.(表 1-8 为现行七级的税率)

表 1-8　七级超额累进税率表

级数	全月应纳税所得额	税率(%)
1	不超过 1 500 元的	3
2	超过 1 500 元至 4 500 元的部分	10
3	超过 4 500 元至 9 000 元的部分	20
4	超过 9 000 元至 35 000 元的部分	25
5	超过 35 000 元至 55 000 元的部分	30
6	超过 55 000 元至 80 000 元的部分	35
7	超过 80 000 元的部分	45

若某单位现在员工的每月税前工资都不超过 30 000 元，根据现行个人所得税政策，解答下列问题：

(1) 试确定该单位员工每月税前工资与纳税金额之间的函数关系.

(2) 李工程师的每月税前工资为 9 000 元，则他每月应当纳税多少元？

(3) 老张应每月交税为 250 元，确定他的每月税前工资.

第2章　极限与连续

极限是高等数学课程中最重要的概念之一，是研究微积分的重要工具.微积分中的许多重要概念，如导数、定积分等都是通过极限来定义的，因此，掌握极限的思想和方法是学好微积分的前提条件.

2.1　极限的概念

2.1.1　数列的极限

1. 数列的概念

自变量为正整数的函数（整标函数）$u_n=f(n)(n=1,2,3,\cdots)$，其函数值按自变量 n 由小到大排成一列数

$$u_1,u_2,u_3,\cdots,u_n,\cdots$$

这列数称为**数列**，简记为$\{u_n\}$.数列中的每一个数称为数列的**项**，第 n 项 u_n 称为数列的**通项**或**一般项**.

例如：

(1) $\frac{1}{2},\frac{1}{4},\frac{1}{16},\cdots,\frac{1}{2^n},\cdots$；　(2) $2,\frac{3}{2},\frac{4}{3},\cdots,\frac{n+1}{n},\cdots$；

(3) $1,-1,1,-1,\cdots,(-1)^{n+1},\cdots$；　(4) $1,3,5,7,\cdots,2n-1,\cdots$.

它们的通项依次为：

$$u_n=\frac{1}{2^n},\quad u_n=\frac{n+1}{n},\quad u_n=(-1)^{n+1},\quad u_n=2n-1.$$

注意：数列可以看作是定义域为全体正整数的函数.

单调数列　如果数列$\{u_n\}$对于每一个正整数 n 都有 $u_n<u_{n+1}$，则称数列$\{u_n\}$为**单调递增数列**；类似地，如果数列$\{u_n\}$对于每一个正整数 n 都有 $u_n>u_{n+1}$，则称数列$\{u_n\}$为**单调递减数列**.

有界数列　如果对于数列$\{u_n\}$，存在一个正常数 M，使得对于每一项 u_n，都有 $|u_n|\leqslant M$，则称数列$\{u_n\}$为**有界数列**.

2. 数列的极限

考察以下数列：

(1) $\{u_n\}=\left\{\frac{1}{n}\right\}$,即数列 $1,\frac{1}{2},\frac{1}{3},\cdots,\frac{1}{n},\cdots$;

(2) $\{u_n\}=\left\{\frac{1+(-1)^n}{2}\right\}$,即数列 $0,1,0,1,\cdots$;

(3) $\{u_n\}=\left\{\frac{(-1)^n}{n}\right\}$,即数列 $-1,\frac{1}{2},-\frac{1}{3},\cdots,\frac{(-1)^n}{n},\cdots$.

观察上述例子可以发现,当 n 无限增大时,数列(1)和(3)的各项呈现出确定的变化趋势,即无限趋近于常数零,而数列(2)的各项在 0 和 1 两数变动,不趋近于一个确定的常数.

定义 1　对于数列 $\{u_n\}$,如果 n 无限增大时,通项 u_n 无限接近于某个确定的常数 A,则称 A 为数列 $\{u_n\}$ 的**极限**,或称数列 $\{u_n\}$ 收敛于 A,记为

$$\lim_{n\to\infty}u_n=A \text{ 或 } u_n\to A(n\to\infty).$$

若数列 $\{u_n\}$ 的极限不存在,则称该数列**发散**.

【例 1】　观察下列数列的极限.

(1) $\{u_n\}=\{C\}$(C 为常数);　　(2) $\{u_n\}=\left\{\frac{n}{n+1}\right\}$;

(3) $\{u_n\}=\left\{\frac{1}{2^n}\right\}$;　　(4) $\{u_n\}=\{(-1)^{n+1}\}$.

解　观察数列在 $n\to\infty$ 时的变化趋势,得

(1) $\lim_{n\to\infty}C=C$;　　(2) $\lim_{n\to\infty}\frac{n}{n+1}=1$;

(3) $\lim_{n\to\infty}\frac{1}{2^n}=0$;　　(4) $\lim_{n\to\infty}(-1)^{n+1}$不存在.

3. 数列极限的性质

性质 1　(单调有界定理)单调有界数列必有极限.

性质 2　(有界性)若 $\lim_{n\to\infty}u_n$ 存在,则 $\{u_n\}$ 必为有界数列.

2.1.2　函数的极限

对于函数 $y=f(x)$,函数 y 随着自变量 x 的变化而变化,与数列不同的是,x 可能是正数,也可能是负数. 为方便起见,我们规定:当 x 无限增大时,用记号 $x\to+\infty$ 表示;当 x 无限减小时,用记号 $x\to-\infty$ 表示;当 $|x|$ 无限增大时,用记号 $x\to\infty$ 表示. 当 x 从 x_0 的左右两侧无限接近于 x_0 时,用记号 $x\to x_0$ 表示;当 x 从 x_0 的右侧无限接近于 x_0 时,用记号 $x\to x_0^+$ 表示;当 x 从 x_0 的左侧无限接近于 x_0 时,用记号 $x\to x_0^-$ 表示.

1. 当 $x\to\infty$ 时,函数 $f(x)$ 的极限

考察函数 $y=\frac{1}{x}$,当 $x\to\infty$ 时的变化趋势:

由图 2-1 可以看出当 x 的绝对值无限增大时，$f(x)$ 的值无限接近于确定的常数零，即当 $x\to\infty$，$f(x)\to 0$.

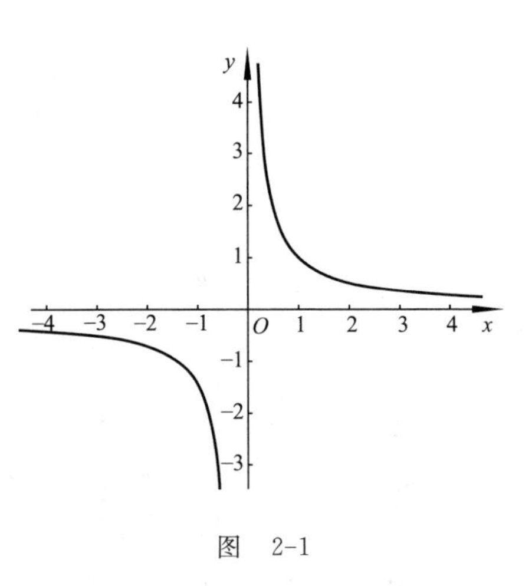

图 2-1

定义 2 设函数 $y=f(x)$ 在 $|x|$ 大于某一正数时有定义，如果当 $|x|$ 无限增大，即 $x\to\infty$ 时，对应的函数值 $f(x)$ 无限趋近于一个确定的常数 A，则称函数 $f(x)$ 当 $x\to\infty$ 时以 A 为极限，记为

$$\lim_{x\to\infty}f(x)=A \quad 或 \quad f(x)\to A(x\to\infty).$$

根据上述定义，可知 $\lim\limits_{x\to\infty}\dfrac{1}{x}=0$.

定义 3 如果函数 $y=f(x)$，当 x 无限增大即 $x\to+\infty$ 时，对应的函数值 $f(x)$ 无限趋近于一个确定的常数 A，则称函数 $f(x)$ 当 $x\to+\infty$ 时以 A 为极限，记为

$$\lim_{x\to+\infty}f(x)=A \quad 或 \quad f(x)\to A(x\to+\infty).$$

定义 4 如果函数 $y=f(x)$，当 x 无限减小即 $x\to-\infty$ 时，对应的函数值 $f(x)$ 无限趋近于一个确定的常数 A，则称函数 $f(x)$ 当 $x\to-\infty$ 时以 A 为极限，记为

$$\lim_{x\to-\infty}f(x)=A \quad 或 \quad f(x)\to A(x\to-\infty).$$

定理 1 $\lim\limits_{x\to\infty}f(x)=A$ 的充要条件是 $\lim\limits_{x\to+\infty}f(x)=\lim\limits_{x\to-\infty}f(x)=A$.

【例 2】 观察下列函数的图像(见图 2-2)，写出极限.

(1) $\lim\limits_{x\to-\infty}\mathrm{e}^{x}$；　(2) $\lim\limits_{x\to+\infty}\mathrm{e}^{-x}$；　(3) $\lim\limits_{x\to\infty}\dfrac{1}{1+x^2}$.

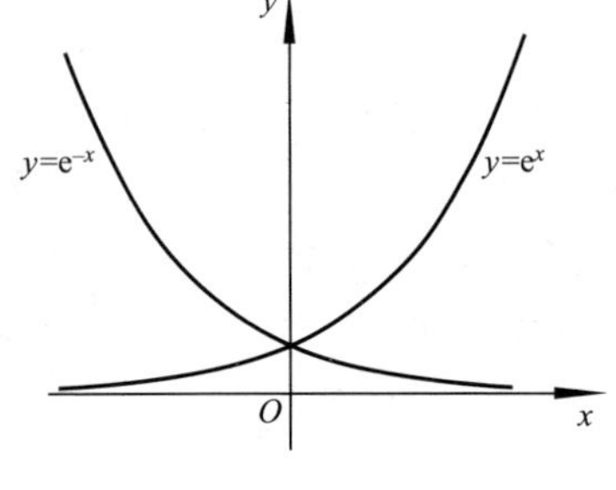

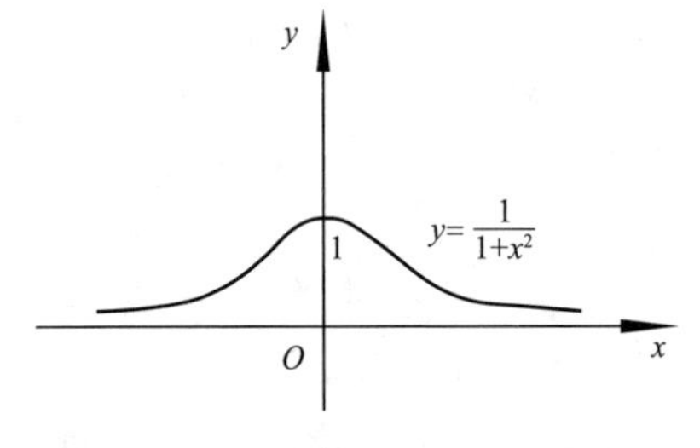

图 2-2

解 观察图像可看出：

(1) 当 x 无限减小时，$f(x)$ 无限趋近于常数 0，即 $\lim\limits_{x\to-\infty} e^x=0$；

(2) 当 x 无限增大时，$f(x)$ 无限趋近于常数 0，即 $\lim\limits_{x\to+\infty} e^{-x}=0$；

(3) 当 $|x|$ 的无限增大时，$f(x)$ 无限趋近于常数 0，即 $\lim\limits_{x\to\infty}\dfrac{1}{1+x^2}=0$.

2. 当 $x\to x_0$ 时，函数 $f(x)$ 的极限

邻域的概念：

设 δ 是给定的正数，则开区间 $(x_0-\delta, x_0+\delta)$ 称为点 x_0 的 δ 邻域，记作 $U(x_0,\delta)$，即

$$U(x_0,\delta)=\{x \mid |x-x_0|<\delta\}$$

点 x_0 称为**邻域的中心**，δ 称为**邻域的半径**，如图 2-3 所示.

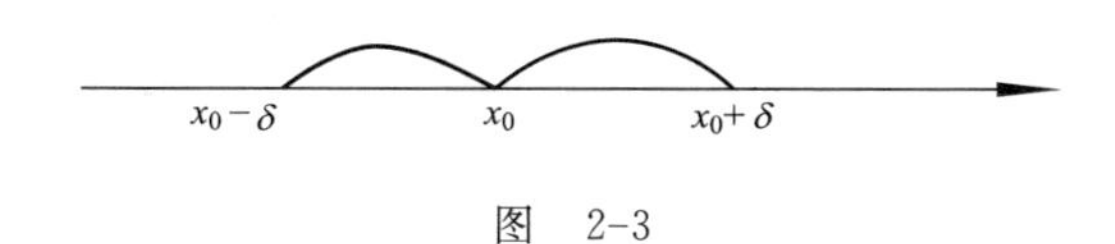

图　2-3

点 x_0 的 δ 邻域表示为与点 x_0 距离小于 δ 的一切点 x 的全体.

有时会用到点 x_0 的 δ 邻域中把中心 x_0 去掉，此时称为点 x_0 的去心 δ 邻域，记作 $U(\hat{x}_0,\delta)$，即

$$U(\hat{x}_0,\delta)=\{x \mid 0<|x-a||<\delta\}.$$

例如：$|x-2|<1$，即为以点 $x_0=2$ 为中心，以 1 为半径的邻域，也就是开区间 (1,3).

【例 3】 考察当 $x\to3$ 时，函数 $f(x)=\dfrac{x}{3}+2$ 的变化趋势.

解　函数 $f(x)=\dfrac{x}{3}+2$ 在 $(-\infty,+\infty)$ 内有定义，设 x 从 3 的左右侧无限接近于 3，即 x 取值及对应的函数值见表 2-1。

表 2-1　x 取值及对应的函数值

x	…	2.99	2.999	…	→3←	…	3.001	3.01	…
$f(x)$	…	2.997	2.999 7	…	→3←	…	3.000 3	3.003	…

可以看出，当 x 越来越接近于 3 时，$f(x)=\dfrac{x}{3}+2$ 的值无限接近于 3.

【例 4】 考察当 $x\to1$ 时，函数 $f(x)=\dfrac{x^2-1}{x-1}$ 的变化趋势.

解　函数 $f(x)$ 的定义域为 $(-\infty,1)\cup(1,+\infty)$，函数图像如图 2-4 所示，当 x 无限趋近于 1 时，函数 $f(x)=\dfrac{x^2-1}{x-1}$ 无限趋近于 2.

定义 5 设函数 $f(x)$ 在点 x_0 的某一去心邻域 $U(\hat{x}_0,\delta)$ 内有定义，如果当自变量 x 无限接近于 x_0 时，相应的函数值无限趋近于某个确定的常数 A，则称当 $x\to x_0$ 时，函数 $f(x)$ 以 A 为极限，记为

$$\lim_{x\to x_0} f(x)=A \quad 或 \quad f(x)\to A(x\to x_0)$$

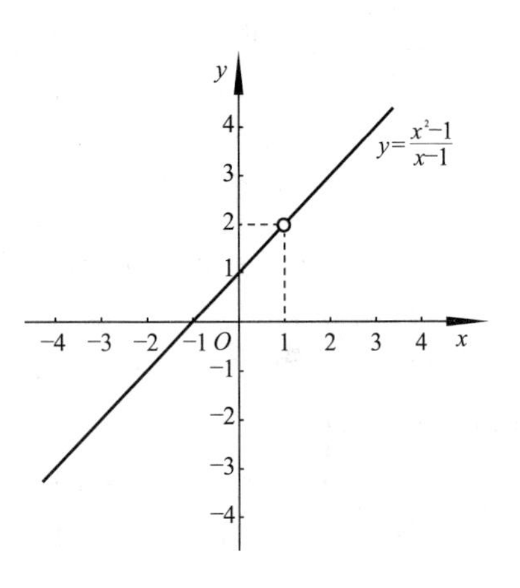

图 2-4

定义 6 如果当自变量 x 从 x_0 的右(左)侧无限接近于 x_0 即当 $x\to x_0^+$ $(x\to x_0^-)$时，相应的函数值无限趋近于某个确定的常数 A，则称 A 为函数 $f(x)$ 当 $x\to x_0$ 时的**右(左)极限**，记为

$$\lim_{x\to^+ x_0} f(x)=A(\lim_{x\to x_0^+} f(x)=A),$$

或

$$f(x_0+0)=A(f(x_0-0)=A).$$

定理 2 $\lim\limits_{x\to x_0} f(x)=A$ 的充要条件是 $\lim\limits_{x\to x_0^+} f(x)=\lim\limits_{x\to x_0^-} f(x)=A$.

【例 5】 求下列函数的极限.

(1) $\lim\limits_{x\to x_0} C$(C 为常数)；　　(2) $\lim\limits_{x\to x_0} x$；

(3) $\lim\limits_{x\to 0}\sin x$；　　(4) $\lim\limits_{x\to 0}\cos x$.

解 (1) 因为常数函数 $y=C$ 无论 x 取何值恒为常数 C，所以 $\lim\limits_{x\to x_0} C=C$；

(2) 因为函数 $y=x$ 的函数值与自变量相等，所以 $\lim\limits_{x\to x_0} x=x$；

(3) 观察函数 $y=\sin x$ 的图像，得 $\lim\limits_{x\to 0}\sin x=0$；

(4) 观察函数 $y=\cos x$ 的图像，得 $\lim\limits_{x\to 0}\cos x=1$.

【例 6】 设 $f(x)=\begin{cases}-x & 当\ x<0\\ 1 & 当\ x=0,\\ x & 当\ x>0\end{cases}$

画出该函数的图像，并讨论 $\lim\limits_{x\to 0^+} f(x)$，$\lim\limits_{x\to 0^-} f(x)$，$\lim\limits_{x\to 0} f(x)$ 是否存在.

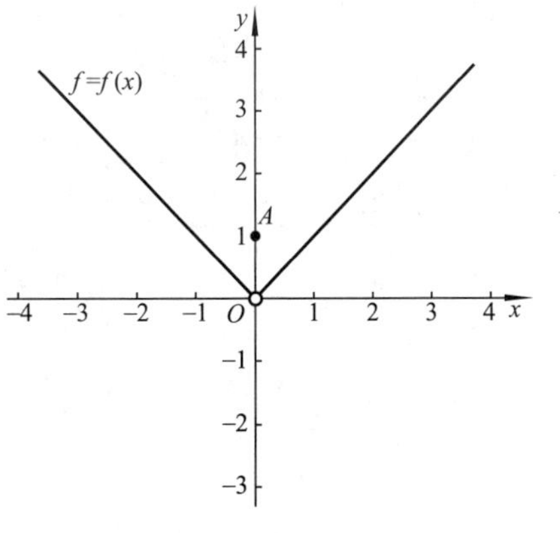

图 2-5

解 画出函数图像图 2-5，

由图像得：$\lim\limits_{x\to 0^+} f(x)=\lim\limits_{x\to 0^+} x=0$，

$\lim_{x\to 0^-} f(x) = \lim_{x\to 0^-}(-x) = 0$；

$$\lim_{x\to 0} f(x) = \lim_{x\to 0^+} f(x) = \lim_{x\to 0^-} f(x) = 0.$$

阅读材料

中国古代极限思想

1. 庄子的极限思想

《庄子·天下篇》中说“一尺之棰，日取其半，万世不竭”，看似容易理解，事实上短短的 12 个字却包含了丰富的内容．“一尺之棰”说明在 2 300年前的古代中国就已经有了长度的度量单位；“日取其半”即每天取前一天所剩下的 1/2，表明当时的人们对分数有了初步的认识；“万世不竭”意为如此过程进行下去，即使是无限长的时间(即万世)，也不可能把这根木锤切完．

庄子认识到这是一个走向极限“0”的过程，虽然“一尺之棰”被越切越短，但是“万世不竭”——被剩下的棰的长度永远不为 0、而又无限逼近 0，即极限为 0．

2. 刘徽的割圆术

魏晋时代的数学家刘徽在《九章算术注》中利用割圆术证明了圆面积的精确公式，并给出了计算圆周率 π 的方法．

刘徽以“割之弥细，所失弥少，割之又割以至于不可割，则与圆周合体而无所失矣．”来总结这种方法．他首先从圆内接正六边形开始割圆，每次边数倍增，当算到正 307 2 边形的面积时，求到 $\pi=3.141\,6$，称为“徽率”．“割圆术”蕴含着丰富的极限思想．

习　题　2.1

1. 观察下列数列的变化趋势，写出它们的极限：

(1) $\{u_n\}=\left\{(-1)^n\frac{1}{n}\right\}$；　　(2) $\{u_n\}=\left\{2+\frac{1}{n^2}\right\}$；

(3) $\{u_n\}=\left\{\frac{n-1}{n+1}\right\}$；　　(4) $\{u_n\}=\left\{1-\frac{1}{10^n}\right\}$．

2. 设函数 $f(x)=\begin{cases} x^2 & 当\ x>0 \\ x & 当\ x\leqslant 0 \end{cases}$，

(1) 作出函数 $f(x)$ 的图像；

(2) 求 $\lim\limits_{x\to 0^+} f(x)$ 及 $\lim\limits_{x\to 0^-} f(x)$；

(3) $x\to 0$ 时，$f(x)$ 的极限存在吗？

3. 设函数 $f(x)=\begin{cases} 4x & \text{当 } -1<x<1 \\ 4 & \text{当 } x=1 \\ 4x^2 & \text{当 } 1<x<2 \end{cases}$，求 $\lim\limits_{x\to 0}f(x)$，$\lim\limits_{x\to 1}f(x)$，$\lim\limits_{x\to \frac{3}{2}}f(x)$.

4. 设函数 $f(x)=\begin{cases} 2x-1 & \text{当 } x<0 \\ 0 & \text{当 } x=0 \\ x+2 & \text{当 } x>0 \end{cases}$，作出这个函数的图像，并求 $\lim\limits_{x\to 0^+}f(x)$，$\lim\limits_{x\to 0^-}f(x)$，$\lim\limits_{x\to 0}f(x)$.

5. 证明函数 $f(x)=\begin{cases} x^2+1 & \text{当 } x<1 \\ 1 & \text{当 } x=1 \\ -1 & \text{当 } x>1 \end{cases}$ 在 $x\to 1$ 时极限不存在.

2.2 极限的运算

2.2.1 极限的四则运算

设 $\lim\limits_{x\to x_0}f(x)=A$，$\lim\limits_{x\to x_0}g(x)=B$，

法则 1 $\lim\limits_{x\to x_0}[f(x)\pm g(x)]=\lim\limits_{x\to x_0}f(x)\pm\lim\limits_{x\to x_0}g(x)=A\pm B$.

法则 2 $\lim\limits_{x\to x_0}[f(x)g(x)]=\lim\limits_{x\to x_0}f(x)\lim\limits_{x\to x_0}g(x)=AB$.

法则 3 $\lim\limits_{x\to x_0}cf(x)=c\lim\limits_{x\to x_0}f(x)$ (c 为常数).

法则 4 $\lim\limits_{x\to x_0}[f(x)]^n=[\lim\limits_{x\to x_0}f(x)]^n=A^n$.

法则 5 $\lim\limits_{x\to x_0}\dfrac{f(x)}{g(x)}=\dfrac{\lim\limits_{x\to x_0}f(x)}{\lim\limits_{x\to x_0}g(x)}=\dfrac{A}{B}(B\neq 0)$.

注意：(1) 对于以上法则，极限过程为 $x\to\infty$、$x\to+\infty$、$x\to-\infty$ 等情形也适用；

(2) 法则 1 与法则 2 均可推广至有限个函数的情形；

(3) 对于数列的极限，法则也适用.

2.2.2　极限运算举例

【例 1】　求$\lim\limits_{x\to 3}\left(\dfrac{1}{3}x+2\right)$.

解　$\lim\limits_{x\to 3}\left(\dfrac{1}{3}x+2\right)=\dfrac{1}{3}\lim\limits_{x\to 3}x+2=\dfrac{1}{3}\times 3+2=3.$

注:求解过程中用到两个结论,即$\lim\limits_{x\to x_0}x=x_0$,$\lim\limits_{x\to x_0}c=c$,($c$ 为常数).

【例 2】　求$\lim\limits_{x\to 1}\dfrac{x^2-2x+5}{x^2+7}$.

解

$$\lim_{x\to 1}\frac{x^2-2x+5}{x^2+7}=\frac{\lim\limits_{x\to 1}(x^2-2x+5)}{\lim\limits_{x\to 1}(x^2+7)}$$

$$=\frac{(\lim\limits_{x\to 1}x)^2-2\lim\limits_{x\to 1}x+5}{(\lim\limits_{x\to 1}x)^2+7}=\frac{1^2-2\times 1+5}{1^2+7}=\frac{1}{2}.$$

【例 3】　求:$\lim\limits_{x\to 3}\dfrac{x-3}{x^2-9}$.

解　$\lim\limits_{x\to 3}\dfrac{x-3}{x^2-9}=\lim\limits_{x\to 3}\dfrac{x-3}{(x+3)(x-3)}=\lim\limits_{x\to 3}\dfrac{1}{x+3}=\dfrac{1}{6}.$

注:当 $x\to x_0$,若分子、分母均趋于 0,则将分子、分母分解因式约去($x-x_0$),再利用法则进行求解.

【例 4】　求$\lim\limits_{x\to\infty}\dfrac{3x^3-4x^2+2}{7x^3-5x^2-3}$.

解

$$\lim_{x\to\infty}\frac{3x^3-4x^2+2}{7x^3+5x^2-3}=\lim_{x\to\infty}\frac{3-\dfrac{4}{x}+\dfrac{2}{x^3}}{7+\dfrac{5}{x}-\dfrac{3}{x^3}}=\frac{\lim\limits_{x\to\infty}\left(3-\dfrac{4}{x}+\dfrac{2}{x^3}\right)}{\lim\limits_{x\to\infty}\left(7+\dfrac{5}{x}-\dfrac{3}{x^3}\right)}=\frac{3}{7}.$$

【例 5】　求$\lim\limits_{x\to\infty}\dfrac{3x^2+2}{x^3-x+5}$.

解

$$\lim_{x\to\infty}\frac{3x^2+2}{x^3-x+5}=\lim_{x\to\infty}\frac{\dfrac{3}{x}+\dfrac{2}{x^3}}{1-\dfrac{1}{x^2}+\dfrac{5}{x^3}}=\frac{0}{1}=0.$$

【例 6】　求$\lim\limits_{x\to\infty}\dfrac{x^3-x+5}{3x^2+2}$.

解

$$\lim_{x\to\infty}\frac{x^3-x+5}{3x^2+2}=\lim_{x\to\infty}\frac{1-\dfrac{1}{x^2}+\dfrac{5}{x^3}}{\dfrac{3}{x}+\dfrac{2}{x^3}}=\infty.$$

注:根据例 4～例 6,一般地,当 $x\to\infty$,$a_0\neq 0$,$b_0\neq 0$ 时有以下结果:

$$\lim_{x\to\infty}\frac{a_0x^n+a_1x^{n-1}+\dots+a_n}{b_0x^m+b_1x^{m-1}+\dots+b_m}=\begin{cases}\frac{a_0}{b_0} & \text{当 } n=m\\ 0 & \text{当 } n<m\\ \infty & \text{当 } n>m\end{cases}.$$

【例 7】 求$\lim\limits_{x\to1}\left(\frac{1}{1-x}-\frac{3}{1-x^3}\right)$.

解 $\lim\limits_{x\to1}\left(\frac{1}{1-x}-\frac{3}{1-x^3}\right)=\lim\limits_{x\to1}\frac{1+x+x^2-3}{1-x^3}=\lim\limits_{x\to1}\frac{(x+2)(x-1)}{(1-x)(1+x+x^2)}$

$$=\lim_{x\to1}\frac{-x-2}{1+x+x^2}=-1.$$

注意:当 $x\to x_0$ 时,两分式相减,两分式极限不存在,则先通分变形,然后利用法则计算.

【例 8】 求$\lim\limits_{x\to3}\left(\frac{x-3}{\sqrt{x+1}-2}\right)$.

解 $\lim\limits_{x\to3}\frac{x-3}{\sqrt{x+1}-2}=\lim\limits_{x\to3}\frac{(x-3)(\sqrt{x+1}+2)}{(x+1)-4}=\lim\limits_{x\to3}(\sqrt{x+1}+2)=4.$

注意:分子、分母含有根式的分式,则分子或分母有理化,再利用法则求解.

2.2.3 两个重要的极限

1. $\lim\limits_{x\to0}\frac{\sin x}{x}=1$

函数 $f(x)=\frac{\sin x}{x}$的定义域为$(-\infty,0)\cup(0,+\infty)$,当 $x\to0$ 时,我们列出数值表,观察其变化趋势.

x(弧度)	±1.00	±0.100	±0.010	±0.001
$f(x)$	0.841 470 98	0.998 334 17	0.999 983 34	0.999 999 84

由表 2-2 可知,当 $x\to0$,$\frac{\sin x}{x}\to1$,根据极限的定义有$\lim\limits_{x\to0}\frac{\sin x}{x}=1$.

【例 9】 求$\lim\limits_{x\to0}\frac{x}{\sin x}$.

解 $\lim\limits_{x\to0}\frac{x}{\sin x}=\lim\limits_{x\to0}\frac{1}{\frac{\sin x}{x}}=\frac{1}{\lim\limits_{x\to0}\frac{\sin x}{x}}=1.$

【例 10】 求$\lim\limits_{x\to0}\frac{\sin 2x}{x}$.

解　$\lim\limits_{x\to 0}\dfrac{\sin 2x}{x}=2\lim\limits_{x\to 0}\dfrac{\sin 2x}{2x}=2\times 1=2.$

【例 11】　求$\lim\limits_{x\to 0}\dfrac{\tan x}{x}$.

解　$\lim\limits_{x\to 0}\dfrac{\tan x}{x}=\lim\limits_{x\to 0}\dfrac{\sin x}{x}\cdot\dfrac{1}{\cos x}=1\times 1=1.$

【例 12】　求$\lim\limits_{x\to 0}\dfrac{\sin ax}{\sin bx}(a\neq 0,b\neq 0)$.

解　$$\lim\limits_{x\to 0}\frac{\sin ax}{\sin bx}=\frac{a}{b}\cdot\lim\limits_{x\to 0}\left(\frac{bx}{ax}\cdot\frac{\sin ax}{\sin bx}\right)=\frac{a}{b}\cdot\lim\limits_{x\to 0}\left(\frac{\sin ax}{ax}\cdot\frac{bx}{\sin bx}\right)$$
$$=\frac{a}{b}\cdot\lim\limits_{x\to 0}\frac{\sin ax}{ax}\cdot\lim\limits_{x\to 0}\frac{bx}{\sin bx}=\frac{a}{b}\cdot 1\cdot 1=\frac{a}{b}.$$

注意:结果可以作为公式直接使用:

$$\lim\limits_{x\to 0}\frac{\sin ax}{\sin bx}=\frac{a}{b}.$$

根据以上例题,可以得出,一般地,当 $x\to 0$ 时,若 $\alpha(x)\to 0$,则

$$\lim\limits_{\alpha(x)\to 0}\frac{\sin\alpha(x)}{\alpha(x)}=1$$

推广:

(1) $\lim\limits_{\alpha(x)\to 0}\dfrac{\sin\alpha(x)}{\alpha(x)}=1$;

(2) $\lim\limits_{\alpha(x)\to\infty}\dfrac{\sin\dfrac{1}{\alpha(x)}}{\dfrac{1}{\alpha(x)}}=\lim\limits_{\alpha(x)\to\infty}\alpha(x)\cdot\sin\dfrac{1}{\alpha(x)}=1.$

2. $\lim\limits_{x\to\infty}\left(1+\dfrac{1}{x}\right)^{x}=\mathrm{e}$

当 $x\to\infty$时,我们列出 $f(x)=\left(1+\dfrac{1}{x}\right)^{x}$ 的数值表,观察其变化趋势:

x	…	10	100	1000	1 0000	10 0000	…
$f(x)$	…	2.593 74	2.708 41	2.716 92	2.718 15	2.718 27	…
x	…	−10	−100	−100 0	−100 00	−100 000	…
$f(x)$	…	2.867 97	2.732 00	2.719 64	2.718 4	2.718 30	…

由表 2-3 可见,当 $x\to+\infty$或 $x\to-\infty$时,$\left(1+\dfrac{1}{x}\right)^{x}\to\mathrm{e}$,根据极限的定义有

$$\lim\limits_{x\to\infty}\left(1+\frac{1}{x}\right)^{x}=\mathrm{e},$$

其中 e 是个无理数,其值为 2.718281828459045.

推广:

(1) $\lim\limits_{x\to 0}(1+x)^{\frac{1}{x}}=\mathrm{e}$;

(2) $\lim\limits_{f(x)\to\infty}\left(1+\frac{1}{f(x)}\right)^{f(x)}=\mathrm{e}$;

(3) $\lim\limits_{f(x)\to 0}[1+f(x)]^{\frac{1}{f(x)}}=\mathrm{e}$.

【例 13】 求$\lim\limits_{x\to\infty}\left(1+\frac{2}{x}\right)^{x}$.

解 $\lim\limits_{x\to\infty}\left(1+\frac{2}{x}\right)^{x}=\lim\limits_{x\to\infty}\left[\left(1+\frac{2}{x}\right)^{\frac{x}{2}}\right]^{2}=\left[\lim\limits_{x\to\infty}\left(1+\frac{2}{x}\right)^{\frac{x}{2}}\right]^{2}=\mathrm{e}^{2}$.

【例 14】 求$\lim\limits_{x\to\infty}\left(1-\frac{2}{x}\right)^{3x}$.

解 $\lim\limits_{x\to\infty}\left(1-\frac{2}{x}\right)^{3x}=\lim\left[\left(1-\frac{2}{x}\right)^{-\frac{x}{2}}\right]^{-6}=\mathrm{e}^{-6}$.

【例 15】 求$\lim\limits_{x\to 0}(1-x)^{\frac{3}{x}}$.

解 $\lim\limits_{x\to 0}(1-x)^{\frac{3}{x}}=\lim\limits_{x\to 0}[(1-x)^{-\frac{1}{x}}]^{-3}=\mathrm{e}^{-3}$.

【例 16】 求$\lim\limits_{x\to\infty}\left(1+\frac{1}{2x}\right)^{4x-3}$.

解 $\lim\limits_{x\to\infty}\left(1+\frac{1}{2x}\right)^{4x-3}=\lim\limits_{x\to\infty}\left(1+\frac{1}{2x}\right)^{4x}\cdot\left(1+\frac{1}{2x}\right)^{-3}$

$$=\lim_{x\to\infty}\left[\left(1+\frac{1}{2x}\right)^{2x}\right]^{2}\left(1+\frac{1}{2x}\right)^{-3}=\mathrm{e}^{2}\times 1=\mathrm{e}^{2}.$$

【例 17】 求$\lim\limits_{x\to\infty}\left(\frac{x+3}{x-1}\right)^{x}$.

解法一 $\lim\limits_{x\to\infty}\left(\frac{x+3}{x-1}\right)^{x}=\lim\limits_{x\to\infty}\left(\frac{1+\frac{3}{x}}{1-\frac{1}{x}}\right)^{x}=\lim\limits_{x\to\infty}\frac{\left[\left(1+\frac{3}{x}\right)^{\frac{x}{3}}\right]^{3}}{\left[\left(1-\frac{1}{x}\right)^{-x}\right]^{-1}}=\frac{\mathrm{e}^{3}}{\mathrm{e}^{-1}}=\mathrm{e}^{4}$.

解法二 $\frac{x+3}{x-1}=1+\frac{1}{u}$,则 $u=\frac{x-1}{4}$,$x=4u+1$,$x\to\infty$时 $u\to\infty$,

$$\lim_{u\to\infty}\left(1+\frac{1}{u}\right)^{4u+1}=\lim_{u\to\infty}\left[\left(1+\frac{1}{u}\right)^{u}\right]^{4}\cdot\left(1+\frac{1}{u}\right)=\mathrm{e}^{4}\times 1=\mathrm{e}^{4}.$$

习　题　2.2

1. 求下列极限：

(1) $\lim\limits_{x\to 2}\dfrac{x^2+5}{x-3}$；　　(2) $\lim\limits_{x\to -1}\dfrac{x^2+2x+5}{x^2+1}$；

(3) $\lim\limits_{x\to 0}\left(\dfrac{x^2-3x+1}{x-4}+1\right)$；　　(4) $\lim\limits_{x\to\sqrt{3}}\dfrac{x^2-3}{x^2+1}$；

(5) $\lim\limits_{x\to -2}\dfrac{x^2-4}{x+2}$；　　(6) $\lim\limits_{x\to 1}\dfrac{x^2-1}{2x^2-x-1}$；

(7) $\lim\limits_{x\to 4}\dfrac{x^2-6x+8}{x^2-5x+4}$；　　(8) $\lim\limits_{x\to 1}\dfrac{x^2-2x+1}{x^3-x}$.

2. 求下列极限：

(1) $\lim\limits_{x\to 1}\dfrac{x^2-1}{2x^2-x-1}$；　　(2) $\lim\limits_{x\to 1}\dfrac{x^2-1}{2x^2-x-1}$；

(3) $\lim\limits_{x\to 1}\dfrac{x^2-1}{2x^2-x-1}$；　　(4) $\lim\limits_{x\to 1}\dfrac{x^2-1}{2x^2-x-1}$；

(5) $\lim\limits_{x\to 1}\dfrac{x^2-1}{2x^2-x-1}$；　　(6) $\lim\limits_{x\to 1}\dfrac{x^2-1}{2x^2-x-1}$.

3. 求下列极限：

(1) $\lim\limits_{x\to 1}\dfrac{x^2-1}{2x^2-x-1}$；　　(2) $\lim\limits_{x\to 1}\dfrac{x^2-1}{2x^2-x-1}$；

(3) $\lim\limits_{x\to 1}\dfrac{x^2-1}{2x^2-x-1}$；　　(4) $\lim\limits_{x\to 1}\dfrac{x^2-1}{2x^2-x-1}$.

4. 求下列极限：

(1) $\lim\limits_{x\to 0}\dfrac{\sin 3x}{x}$；　　(2) $\lim\limits_{x\to 0}\dfrac{\sin 2x}{\sin 5x}$；

(3) $\lim\limits_{x\to\infty}\left(1-\dfrac{2}{x}\right)^x$；　　(4) $\lim\limits_{x\to 0}(1+2x)^{\frac{1}{x}}$.

2.3　无穷大与无穷小

2.3.1　无穷大与无穷小的概念

1. 无穷大的定义

定义 1　如果 $x\to x_0$(或 $x\to\infty$)时，函数 $|f(x)|$ 无限增大，则称 $f(x)$ 为当 $x\to x_0$(或 $x\to\infty$)时的**无穷大量**，简称**无穷大**，记作 $\lim\limits_{x\to x_0}f(x)=\infty$(或

$\lim\limits_{x\to\infty} f(x)=\infty$).

注意:(1) 如果把定义中$|f(x)|$无限增大换成$f(x)$(或$-f(x)$)无限增大,则称$f(x)$为当$x\to x_0$(或$x\to\infty$)时的**正无穷大量**(**或负无穷大量**),简称**正无穷大**(**负无穷大**),记为$\lim\limits_{\substack{x\to x_0\\(x\to\infty)}} f(x)=+\infty$(或$\lim\limits_{\substack{x\to x_0\\(x\to\infty)}} f(x)=+\infty$).

(2) 当$x\to x_0^+$,$x\to x_0^-$,$x\to+\infty$ $x\to-\infty$时都可得到相应的无穷大定义;

(3) 无穷大量必须指出x的变化趋势;

(4) 不要把无穷大量与很大的数(例如一千万)混为一谈;

(5) 按函数极限的定义,无穷大的函数$f(x)$极限是不存在的,但为了讨论问题方便,我们也说"函数的极限是无穷大".

例如:(1) $\lim\limits_{x\to 0}\dfrac{1}{x}=\infty$,即$\dfrac{1}{x}$当$x\to 0$时为无穷大;

(2) $\lim\limits_{x\to 1}\dfrac{1}{x-1}=\infty$,所以$\dfrac{1}{x-1}$当$x\to 1$时为无穷大;

(3) $\lim\limits_{x\to+\infty} e^x=+\infty$,所以$e^x$当$x\to+\infty$时为正无穷大.

2. 无穷小的定义

定义2 如果$x\to x_0$(或$x\to\infty$)时,函数$f(x)$的极限为零,则称$f(x)$为当$x\to x_0$(或$x\to\infty$)时的无穷小量,简称无穷小,记为$\lim\limits_{x\to x_0} f(x)=0$(或$\lim\limits_{x\to\infty} f(x)=0$).

注意:(1) 当$x\to x_0^+$,$x\to x_0^-$,$x\to+\infty$ $x\to-\infty$时都可得到相应的无穷小定义;

(2) 无穷小量必须指出x的变化趋势;

(3) 无穷小是一个变量,不要与很小的数(例如百万分之一)混为一谈;

(4) 零是唯一可作为无穷小的常数,即$\lim\limits_{\substack{x\to\infty\\(x\to x_0)}} 0=0$.

例如:(1) $\lim\limits_{x\to 2}(2x-4)=2\times 2-4=0$,即$2x-4$当$x\to 2$时为无穷小;

(2) $\lim\limits_{x\to\infty}\dfrac{\sin x}{x}=0$,所以$\dfrac{\sin x}{x}$当$x\to\infty$时为无穷小;

(3) $\lim\limits_{x\to 0}(2x-4)=-4\neq 0$,所以$2x-4$当$x\to 0$时不是无穷小.

3. 无穷大与无穷小的关系

定理1(倒数关系) 在自变量的同一变化过程$x\to x_0$(或$x\to\infty$)时,如果$f(x)$为无穷大,则$\dfrac{1}{f(x)}$为无穷小;反之,如果$f(x)$($f(x)\neq 0$)为无穷小,

则$\frac{1}{f(x)}$为无穷大.

【例 1】 求$\lim\limits_{x\to\infty}(2x^3-x+1)$.

解 $\lim\limits_{x\to\infty}\frac{1}{2x^3-x+1}=0$,即 $x\to\infty$时,$\frac{1}{2x^3-x+1}$是无穷小;

$x\to\infty$时,$2x^3-x+1$ 是无穷大,即

$$\lim_{x\to\infty}(2x^3-x+1)=\infty.$$

4. 函数、极限与无穷小的关系

定理 2 在自变量的同一变化过程 $x\to x_0$(或 $x\to\infty$)时,具有极限的函数等于它的极限与一个无穷小之和;反之,如果函数可表示为常数与无穷小之和,那么该常数就是这个函数的极限. 即

$$\lim_{x\to x_0}f(x)=A\Leftrightarrow f(x)=A+\alpha(x),其中\lim_{x\to x_0}\alpha(x)=0.$$

注意:在 $x\to x_0^+$,$x\to x_0^-$,$x\to\infty$,$x\to+\infty$,$x\to-\infty$时定理 2 仍然成立.

2.3.2 无穷小的性质

性质 1 有限个无穷小的代数和仍为无穷小.

性质 2 有限个无穷小的乘积仍为无穷小.

性质 3 有界函数与无穷小的乘积为无穷小.

推论 常数与无穷小的乘积仍为无穷小.

【例 2】 求$\lim\limits_{x\to\infty}\left(\frac{2}{x}+\frac{1}{x^2}\right)$.

解 当 $x\to\infty$时,$\frac{2}{x}$与$\frac{1}{x^2}$均为无穷小,由性质 1,得

$$\lim_{x\to\infty}\left(\frac{2}{x}+\frac{1}{x^2}\right)=0.$$

【例 3】 求$\lim\limits_{x\to 0}x\sin\frac{1}{x}$.

解 当 $x\to 0$ 时,x 为无穷小,而$\left|\sin\frac{1}{x}\right|\leqslant 1$,$\sin\frac{1}{x}$ 有界,由性质 3 得

$$\lim_{x\to 0}x\sin\frac{1}{x}=0.$$

2.3.3 无穷小的比较

由前面无穷小的性质可知:两个无穷小的和、差、积仍为无穷小. 若两个无穷小相除,会是什么结果呢?

例如当 $x\to 0$ 时,x,$3x$,x^2 都是无穷小,但

(1) $\lim\limits_{x\to 0}\dfrac{x^2}{3x}=0$;(2) $\lim\limits_{x\to 0}\dfrac{3x}{x^2}=\infty$;(3) $\lim\limits_{x\to 0}\dfrac{3x}{x}=3$,由此得到三种不同结果.

定义 3 如果设 α 和 β 在自变量的同一变化过程中均为无穷小,即 $\lim\alpha=0,\lim\beta=0$

(1) 若 $\lim\dfrac{\beta}{\alpha}=0$,则称 β 是比 α 高阶的无穷小,记作 $\beta=o(\alpha)$;

(2) 若 $\lim\dfrac{\beta}{\alpha}=\infty$,则称 β 是比 α 低阶的无穷小;

(3) 若 $\lim\dfrac{\beta}{\alpha}=c\neq 0$,(c 为常数),则称 β 与 α 同阶无穷小.

特别的,当 $c=1$ 时,即 $\lim\dfrac{\beta}{\alpha}=1$,则称 β 与 α 等阶无穷小,记为 $\beta\sim\alpha$.

由此可知,上例中:

(1) x^2 比 $3x$ 高阶无穷小,即 $x^2=o(3x)$;

(2) $3x$ 比 x^2 低阶无穷小;

(3) $3x$ 与 x 同阶无穷小.

定理 3 如果 $\alpha\sim\alpha',\beta\sim\beta'$,且 $\lim\dfrac{\beta'}{\alpha'}$存在,则 $\lim\dfrac{\beta}{\alpha}=\lim\dfrac{\beta'}{\alpha'}$.

证明 $\lim\dfrac{\beta}{\alpha}=\lim\left(\dfrac{\beta}{\beta'}\cdot\dfrac{\beta'}{\alpha'}\cdot\dfrac{\alpha'}{\alpha}\right)=\lim\dfrac{\beta}{\beta'}\cdot\lim\dfrac{\beta'}{\alpha'}\cdot\lim\dfrac{\alpha'}{\alpha}=\lim\dfrac{\beta'}{\alpha'}$

注:常用的等价无穷小代换:

当 $x\to 0$ 时,$\sin x\sim x,\sin ax\sim ax,\tan x\sim x,\tan ax\sim ax,1-\cos x\sim\dfrac{1}{2}x^2$,$\mathrm{e}^x-1\sim x,\ln(1+x)\sim x$.

【例 4】 求$\lim\limits_{x\to 0}\dfrac{\sin ax}{\tan bx}$.

解 $\lim\limits_{x\to 0}\dfrac{\sin ax}{\tan bx}=\lim\limits_{x\to 0}\dfrac{ax}{bx}=\dfrac{a}{b}$.

【例 5】 求$\lim\limits_{x\to 0}\dfrac{x^2+2x}{\sin x}$.

解 $\lim\limits_{x\to 0}\dfrac{x^2+2x}{\sin x}=\lim\limits_{x\to 0}\dfrac{x^2+2x}{x}=\lim\limits_{x\to 0}(x+2)=2$.

【例 6】 求$\lim\limits_{x\to 0}\dfrac{\sin x^2}{\tan x}$.

解 $\lim\limits_{x\to 0}\dfrac{\sin x^2}{\tan x}=\lim\limits_{x\to 0}\dfrac{x^2}{x}=0$.

注意:在以上求极限的过程中发现,等价代换是对分子、分母的整体替换(或对分子、分母的因式进行替换),不能对“+”“-”号连接的各部分分

别替换,例如

$$\lim_{x\to0}\frac{\tan x-\sin x}{x^3}\neq\lim_{x\to0}\frac{x-x}{x^3}=0.$$

$$\begin{aligned}\lim_{x\to0}\frac{\tan x-\sin x}{x^3}&=\lim_{x\to0}\frac{\tan x(1-\cos x)}{x^3}\\&=\lim_{x\to0}\frac{x\cdot\frac{1}{2}x^2}{x^3}\\&=\frac{1}{2}.\end{aligned}$$

习 题 2.3

1. 指出下列各题中,哪些是无穷大?哪些是无穷小?

(1) $\frac{1+2x}{x}$($x\to0$ 时); (2) $\frac{1+2x}{x^2}$($x\to\infty$ 时);

(3) $\tan x$($x\to0$ 时); (4) $\frac{x+1}{x^2-9}$($x\to3$ 时);

(5) e^{-x}($x\to+\infty$ 时); (6) $2^{\frac{1}{x}}$($x\to0^-$ 时).

2. 下列函数在什么情况下为无穷小?在什么情况下为无穷大?

(1) $\lg x$; (2) $\frac{x+2}{x^2}$.

3. 求下列极限:

(1) $\lim\limits_{x\to0}x\sin\frac{1}{x}$; (2) $\lim\limits_{x\to\infty}\frac{\cos x}{\sqrt{1+x^2}}$;

(3) $\lim\limits_{x\to\infty}\frac{\cos n^2}{n}$; (4) $\lim\limits_{x\to0}\frac{\tan 3x}{2x}$;

(5) $\lim\limits_{x\to0}\frac{1-\cos x}{\sin^3 x}$; (6) $\lim\limits_{x\to0}\frac{e^x-1}{2x}$;

(7) $\lim\limits_{x\to\infty}\frac{\arctan x}{x}$; (8) $\lim\limits_{x\to0}\frac{\arcsin x}{x}$.

2.4 函数的连续性

2.4.1 连续与间断

1. 增量

定义 1 对函数 $y=f(x)$,当 x 由初值 x_0 到终值 x_1 时,差 x_1-x_0 称

为自变量 x 的增量,用记号 Δx 表示,即 $\Delta x=x_1-x_0$ 或 $x_1=x_0+\Delta x$,这时对应的函数值也从 $f(x_0)$变到 $f(x_1)=f(x_0+\Delta x)$,差 $f(x_0+\Delta x)-f(x_0)$ 称为函数 y 的增量,用记号 Δy 表示,即 $\Delta y=f(x_0+\Delta x)-f(x_0)$.

注意:(1) 增量记号 $\Delta x,\Delta y$ 是一个不可分的整体;

(2) Δx 可以为正,为负;Δy 可以为正,为负或者为 0.

2. 连续

定义 2 设函数 $y=f(x)$在 x_0 的某一邻域内有定义,如果自变量的增量 $\Delta x=x_1-x_0$ 趋于零时,对应的函数增量 $\Delta y=f(x_0+\Delta x)-f(x_0)$也趋于零,即

$$\lim_{x\to x_0}\Delta y=\lim_{x\to x_0}[f(x_0+\Delta x)-f(x_0)]=0,$$

则称函数 $y=f(x)$在点 x_0 连续,称 x_0 为函数 $y=f(x)$的连续点.

其几何意义如图 2-6 所示.

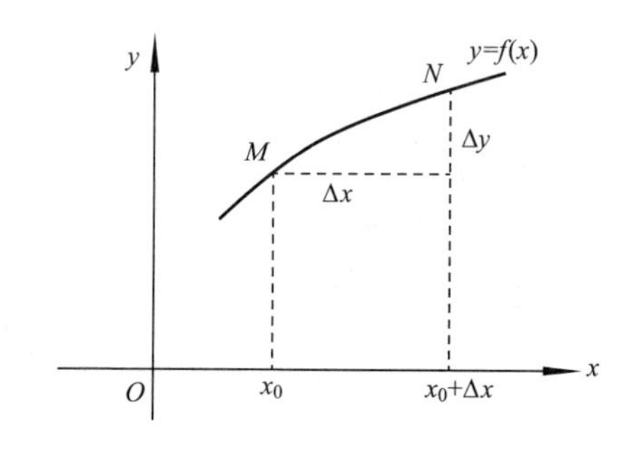

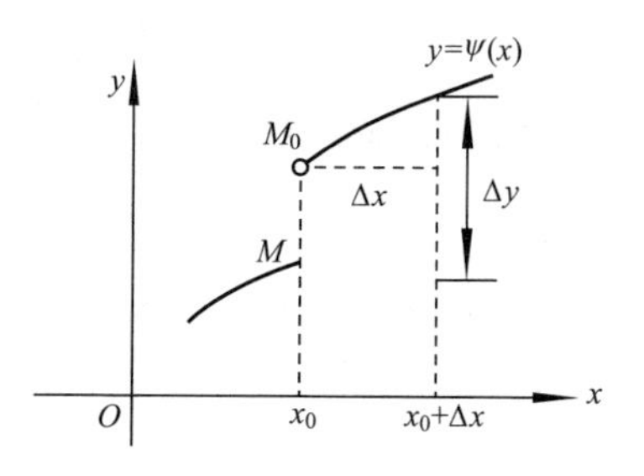

图 2-6

注意:(1)函数 $y=f(x)$在 x_0 处连续的特征是当 $\Delta x\to 0$ 时,$\Delta y\to 0$,即 $\lim\limits_{\Delta x\to 0}\Delta y=0$;当$\lim\limits_{\Delta x\to 0}\Delta y\neq 0$,则函数 $y=\varphi(x)$在 x_0 处不连续.

(2) 连续的本质:当自变量变化微小,函数值相应变化也很微小.

函数 $y=f(x)$在点 x_0 连续也可以叙述为:

定义 3 设函数 $y=f(x)$在 x_0 的某一邻域内有定义,如果函数 $f(x)$ 当 $x\to x_0$ 时极限存在,且等于它在点 x_0 处的函数值 $f(x_0)$,即$\lim\limits_{x\to x_0}f(x)=f(x_0)$,那么则称函数 $y=f(x)$在点 x_0 **连续**.

注意:这个定义指出函数 $y=f(x)$在点 x_0 连续要满足三个条件:

(1) 函数 $y=f(x)$在点 x_0 及附近有定义;

(2) 函数 $f(x)$的极限$\lim\limits_{x\to x_0}f(x)$存在;

(3) $\lim\limits_{x\to x_0}f(x)=f(x_0)$.

定义 4 设函数 $y=f(x)$在 x_0 的某一邻域内有定义,若

$$\lim_{x\to x_0^-} f(x)=f(x_0)\text{（或}\lim_{x\to x_0^+} f(x)=f(x_0)\text{）},$$

则称函数 $y=f(x)$ 在点 x_0 左连续（或右连续）.

注意：由极限存在的充要条件得函数 $y=f(x)$ 在 x_0 连续的充要条件是 $f(x)$ 在 x_0 点左连续且右连续.

定义 5　若函数 $y=f(x)$ 在 (a,b) 内每一点都连续，则函数 $f(x)$ 在 (a,b) 内连续，(a,b) 称为函数 $y=f(x)$ 的连续区间；若函数 $y=f(x)$ 在 (a,b) 内每一点都连续，且在 a 右连续，在 b 左连续，即 $\lim\limits_{x\to a^+} f(x)=f(a)$，$\lim\limits_{x\to b^-} f(x)=f(b)$，则函数 $f(x)$ 在 $[a,b]$ 内连续.

注意：连续函数的图像是一条连续不间断的曲线.

3. 间断

定义 6　设函数 $y=f(x)$ 在 x_0 的某去心邻域内有定义，如果函数 $f(x)$ 有以下三种情形之一：

(1) 在 $x=x_0$ 处没有定义；

(2) 在 $x=x_0$ 处有定义，但 $\lim\limits_{x\to x_0} f(x)$ 不存在；

(3) 在 $x=x_0$ 处有定义，且 $\lim\limits_{x\to x_0} f(x)$ 存在，但 $\lim\limits_{x\to x_0} f(x)\neq f(x_0)$.

则称函数 $y=f(x)$ 在点 x_0 **不连续或间断**；点 x_0 称为函数 $y=f(x)$ 的**不连续点或间断点**.

【例 1】　判断下列函数在指定点是连续还是间断.

(1) $f(x)=\dfrac{x^2-9}{x-3}$，在 $x=3$ 处；

(2) $f(x)=\begin{cases}1 & \text{当 } x<-1\\ x & \text{当 } -1\leqslant x\leqslant 1\end{cases}$，在 $x=-1$ 处；

(3) $f(x)=\begin{cases}x\sin\dfrac{1}{x} & \text{当 } x\neq 0\\ 0 & \text{当 } x=0\end{cases}$，在 $x=0$ 处.

解　(1) 函数 $f(x)$ 在 $x=3$ 无定义，所以 $x=3$ 是间断点；

(2) 函数 $f(x)$ 在 $x=-1$ 有定义，但是 $\lim\limits_{x\to -1^+} f(x)=\lim\limits_{x\to -1^+} x=-1$，$\lim\limits_{x\to -1^-} f(x)=\lim\limits_{x\to -1^-} 1=1$，所以 $\lim\limits_{x\to -1} f(x)$ 不存在，即 $x=-1$ 是间断点；

(3) 函数 $f(x)$ 在 $x=0$ 有定义，并且 $\lim\limits_{x\to 0} f(x)=\lim\limits_{x\to 0} x\sin\dfrac{1}{x}=0=f(0)$，所以 $f(x)$ 在点 $x=0$ 处连续.

2.4.2　连续函数的性质

定理 1　若函数 $f(x)$ 和 $g(x)$ 在 x_0 处均连续，则 $f(x)+g(x)$，$f(x)-$

$g(x)$，$f(x)\cdot g(x)$在该点也连续，又若 $g(x)\neq 0$，则$\dfrac{f(x)}{g(x)}$在 x_0 处也连续.

定理 2 设函数 $u=\varphi(x)$在 x_0 处连续，函数 $y=f(u)$在相应地 $u_0=\varphi(x_0)$处也连续，则复合函数 $y=f[\varphi(x)]$在 x_0 处连续.

注意：这个定理说明了连续函数的复合函数仍为连续函数，并可得到结论：

$$\lim_{x\to x_0} f[\varphi(x)]=f[\varphi(x_0)]=f[\lim_{x\to x_0}\varphi(x)],$$

这表示对连续函数极限符号与函数符号可以交换次序.

定理 3 若函数 $u=\varphi(x)$在 x_0 处极限存在，即 $\lim\limits_{x\to x_0}\varphi(x)=u_0$，且函数 $y=f(u)$在相应地 u_0 处连续，则 $\lim\limits_{x\to x_0} f[\varphi(x)]$存在，且 $\lim\limits_{x\to x_0} f[\varphi(x)]=f[\lim\limits_{x\to x_0}\varphi(x)]=f(u_0)$.

定理 4 初等函数在其定义区间内是连续的.

注意：(1) 求初等函数的连续区间，即求定义域；

(2) 若 $f(x)$是初等函数，x_0 是其定义域内的点，要求 $\lim\limits_{x\to x_0} f(x)$，只求出 $f(x_0)$即可($\lim\limits_{x\to x_0} f(x)=f(x_0)$)；

(3) 分段函数在分界点是否连续，要按连续定义判断.

【例 2】 求 $\lim\limits_{x\to 0}\sqrt{x^2-2x+5}$.

解 $\lim\limits_{x\to 0}\sqrt{x^2-2x+5}=\sqrt{0^2-2\times 0+5}=\sqrt{5}$.

【例 3】 求 $\lim\limits_{x\to\frac{\pi}{2}}\ln\sin x$.

解 $\lim\limits_{x\to\frac{\pi}{2}}\ln\sin x=\ln\sin\dfrac{\pi}{2}=\ln 1=0$.

【例 4】 求函数 $y=\sqrt{x+4}-\dfrac{1}{x^2-1}$的连续区间.

解 由定理 4，只需求函数的定义域.

因为函数 $y=\sqrt{x+4}-\dfrac{1}{x^2-1}$的定义域为$[-4,-1)\cup(-1,-1)\cup(1,+\infty)$，所以它的连续区间为$[-4,-1)\cup(-1,-1)\cup(1,+\infty)$.

2.4.3 闭区间上连续函数的性质

定理 5(最值定理) 闭区间上的连续函数一定存在最大值和最小值.

例如：$f(x)=\cos x,[0,2\pi]\to M=1,m=-1$；

$f(x)=x^2,[1,2]\to M=4,m=1$.

注意:定理有两个条件:(1)闭区间;(2)连续,有一条不满足就不一定存在最大值 M,最小值 m.

定理6(零点定理) 若函数 $f(x)$ 在闭区间 $[a,b]$ 上连续,且 $f(a)$ 与 $f(b)$ 异号,则至少存在一点 $\xi\in(a,b)$,使得 $f(\xi)=0$.

定理7(介值定理) 若函数 $f(x)$ 在闭区间 $[a,b]$ 上连续,最大值和最小值分别为 M 和 m,且 $M\neq m$,μ 为介于 M 和 m 之间的任意一个数,则至少存在一点 $\xi\in(a,b)$,使得 $f(\xi)=\mu$.

阅读材料

柯西(Cauchy,1789—1857)

柯西1789年8月21日出生于巴黎.父亲是一位精通古典文学的律师,与当时法国的大数学家拉格朗日与拉普拉斯交往密切.柯西少年时代的数学才华颇受这两位数学家的赞赏,并预言其必成大器.柯西在数学上的最大贡献是在微积分中引进了极限概念,并以极限为基础建立了逻辑清晰的分析体系.这是微积分发展史上的精华,也是柯西对人类科学发展做出的巨大贡献.1821年柯西提出极限定义的方法,把极限过程用不等式来刻画,后经魏尔斯特拉斯改进,成为现在所说的柯西极限定义或称 $\varepsilon-\delta$ 定义.当今所有微积分的教科书都还(至少是在本质上)沿用着柯西等人关于极限、连续、导数、收敛等概念的定义.

习 题 2.4

1. 求下列极限:

(1) $\lim\limits_{x\to 2}\dfrac{e^x+1}{x}$;　(2) $\lim\limits_{x\to 0}\sqrt{x^2+2x-3}$;

(3) $\lim\limits_{x\to 1}[\sin(\ln x)]$;　(4) $\lim\limits_{x\to e}(x\ln x+2x)$.

2. 求下列极限:

(1) $\lim\limits_{x\to 0}\ln\dfrac{\sin x}{x}$;　(2) $\lim\limits_{x\to\infty}0^{\frac{1}{x}}$;

(3) $\lim\limits_{x\to 1}\sin(\ln x^2+1)$;　(4) $\lim\limits_{x\to\infty}\ln\left(1+\dfrac{1}{x}\right)^x$.

3. 设函数 $f(x)=\begin{cases} x & \text{当 } x\leqslant 1 \\ 6x-5 & \text{当 } x>1 \end{cases}$，讨论 $f(x)$ 在 $x=1$ 处的连续性，并写出 $f(x)$ 的连续区间.

4. 设函数 $f(x)=\begin{cases} 1+e^{x} & \text{当 } x<0 \\ x+2a & \text{当 } x\geqslant 0 \end{cases}$，问常数 a 为何值时，函数 $f(x)$ 在 $(-\infty,+\infty)$ 连续.

5. 讨论下列函数的连续性，如有间断点，指出间断点.

(1) $f(x)=\begin{cases} x+1 & \text{当 } 0<x\leqslant 1 \\ 2-x & \text{当 } 1<x\leqslant 3 \end{cases}$；　(2) $f(x)=\begin{cases} 2x+1 & \text{当 } x<0 \\ 0 & \text{当 } x=0 \\ x^{2}-x+1 & \text{当 } x>0 \end{cases}$；

(3) $y=\dfrac{\sin x}{x}$；　(4) $y=\dfrac{3}{x-2}$.

应用实践项目二

项目 1　兔子繁殖问题

在一年之初把一对兔子(雌雄各一)放入围墙内，从第二个月起，雌兔每月生一对兔子(雌雄各一). 而雌小兔长满两个月后开始生兔子，也是每个月生一对兔子(雌雄各一).

(1) 写出一年内各月围墙内各有多少对兔子?

(2) 总结各月兔子之间的关系.

(3) 观察前后相邻两月兔子对数目之比的数列，计算其极限.

(4) 本问题和数学上哪个问题有关，总结该问题相关知识和应用.

项目 2　消息传播问题

当某商品调价的通知下达后，有 10% 的市民听到了这个通知，经先知道这一消息的人传播 2 h 后，25% 的人知道了这个消息. 假定消息按规律

$$y(t)=\frac{1}{1+ce^{-kt}}$$

传播，其中 $y(t)$ 表示经时间 t(单位：h)后知道这一消息的市民比例，c 与 k 为正常数.

(1) 求 $\lim\limits_{t\to\infty} y(t)$，并对结果作出解释；

(2) 确定常数 c 与 k 的值；

(3) 多长时间后有 75% 的市民知道这一消息?

项目 3　投资问题

假设你有 10 000 元想进行投资:

(1) 现有两种投资方案:一种是一年支付一次利息,年利率是 12%;另一种是一年分 12 个月按复利支付利息,月利率 1%,哪一种投资方案合算?

(2) 若一年分 期计息,年利率仍为 12%,在计算复利的情况下,一年的收益为多少?

(3) 若按连续复利(计息期数无限大)计算,一年收益为多少?

第3章　一元函数微分学

微分学是微积分的重要组成部分，它的基本概念是导数与微分，其中导数反映的是函数相对于自变量的变化快慢程度，即函数的变化率；微分则反映当自变量有微小变化时，函数大体上变化了多少．本章里，我们主要学习导数和微分的概念，导数和微分的计算方法以及导数的应用．

3.1　导数的概念

3.1.1　导数的定义

1．引例

首先讨论在历史上与导数概念的形成密切相关的两个问题．

1）变速直线运动的瞬时速度

设一质点作变速直线运动，时刻 t 在某一直线上的位置坐标为 s，则该动点的运动规律可由函数 $s=s(t)$ 确定．我们要求在某一 t_0 时刻的瞬时速度 $v(t_0)$．

在时间段$[t_0,t_0+\Delta t]$内，动点经过的路程为 $\Delta s=s(t_0+\Delta t)-s(t_0)$．于是$\frac{\Delta s}{\Delta t}$即为该时间段内动点的平均速度．它并不是 t_0 时刻的瞬时速度 $v(t_0)$，但是如果时间间隔 Δt 较短，则有 $v(t_0)\approx\frac{\Delta s}{\Delta t}$．显然，$|\Delta t|$越小，平均速度$\frac{\Delta s}{\Delta t}$与瞬时速度 $v(t_0)$的近似程度就越好．运用我们第二章所学的极限概念，若当 $\Delta t\to 0$ 时，平均速度$\frac{\Delta s}{\Delta t}$的极限存在，则该极限值即为动点在 t_0 时刻的瞬时速度 $v(t_0)$，即

$$v(t_0)=\lim_{\Delta t\to 0}\frac{\Delta s}{\Delta t}=\lim_{\Delta t\to 0}\frac{s(t_0+\Delta t)-s(t_0)}{\Delta t}.$$

变速直线运动在点 t_0 时刻的瞬时速度反映了路程 s 对时刻 t 变化快慢的程度，因此，速度 $v(t_0)$称为路程 $s=s(t)$在 t_0 时刻的变化率．

2）平面曲线的切线及其斜率

定义 1　设有曲线 c 及 c 上一点 M，在点 M 外另取 c 上一点 N 做割线 MN. 当 N 沿曲线 c 趋于点 M 时，如果割线 MN 的极限位置为 MT，则称直线 MT 为曲线 c 在点 M 处的切线.

如图 3-1 所示，设割线 MN 与 x 轴的夹角为 φ，切线 MT 与 x 轴的夹角为 α. 曲线方程为 $y=f(x)$，点 M 的坐标为 (x_0, y_0)，点 N 的坐标为 $(x_0+\Delta x, y_0+\Delta y)$. 于是，割线 MN 的斜率为

$$\tan\varphi=\frac{\Delta y}{\Delta x}=\frac{f(x_0+\Delta x)-f(x_0)}{\Delta x}.$$

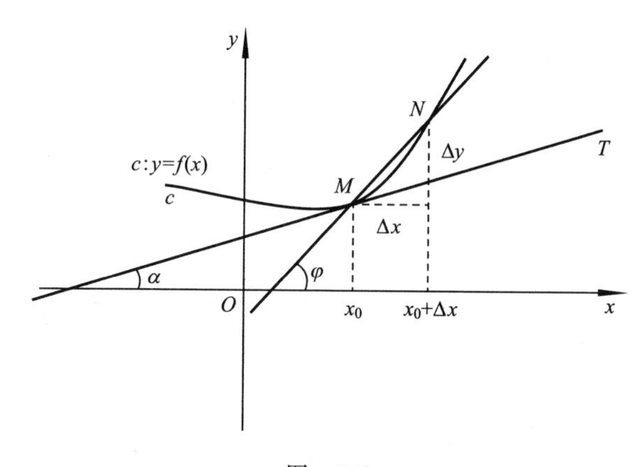

图　3-1

当点 N 沿曲线 c 趋向点 M 时，就有 $\Delta x\to 0$，$\varphi\to\alpha$，割线的斜率 $\tan\varphi$ 就会无限接近切线的斜率 $\tan\alpha$，又由极限的定义，得切线 MN 的斜率为

$$k=\tan\alpha=\lim_{\varphi\to\alpha}\tan\varphi=\lim_{\Delta x\to 0}\frac{\Delta y}{\Delta x}$$
$$=\lim_{\Delta x\to 0}\frac{f(x_0+\Delta x)-f(x_0)}{\Delta x}.$$

曲线 c 在点 M 的切线斜率反映了曲线 $y=f(x)$ 在点 M 处升降的快慢程度. 因此，切线斜率 k 又称为曲线 $y=f(x)$ 在 $x=x_0$ 处的变化率.

2. 导数的定义

上面两个引例的实际意义不同，但从数量关系来看，它们的实质是一样的. 其共同的特点就是求函数的增量与自变量增量之比，当自变量增量趋于零时的极限. 在自然科学和工程技术中，还有许多问题都可以归结为上述形式的极限，这就得到微积分学的一个重要概念——导数.

定义 2　设函数 $y=f(x)$ 在点 x_0 的某邻域内有定义，当自变量 x 在 x_0 处取得增量 Δx 时（点 $x_0+\Delta x$ 仍在邻域内），相应的函数 y 有增量

$$\Delta y=f(x_0+\Delta x)-f(x_0).$$

若极限$\lim\limits_{\Delta x\to 0}\frac{\Delta y}{\Delta x}=\lim\limits_{\Delta x\to 0}\frac{f(x_0+\Delta x)-f(x_0)}{\Delta x}$存在，则称函数 $y=f(x)$在点 x_0 处可导，并称此极限值为函数 $y=f(x)$在 $x=x_0$ 处的**导数**，记作 $f'(x_0)$，即

$$f'(x_0)=\lim_{\Delta x\to 0}\frac{\Delta y}{\Delta x}=\lim_{\Delta x\to 0}\frac{f(x_0+\Delta x)-f(x_0)}{\Delta x}.$$

也可记作 $y'|_{x=x_0}$，$\frac{\mathrm{d}y}{\mathrm{d}x}\Big|_{x=x_0}$或$\frac{\mathrm{d}f(x)}{\mathrm{d}x}\Big|_{x=x_0}$.

如果上式极限不存在，则函数 $y=f(x)$在点 x_0 处不可导. 如果不可导的原因是当 $\Delta x\to 0$ 时$\frac{\Delta y}{\Delta x}\to\infty$，为方便起见，也说函数 $y=f(x)$在点 x_0 处的导数为无穷大.

注意：导数的定义也可取如下两种形式：

$$f'(x_0)=\lim_{x\to x_0}\frac{f(x)-f(x_0)}{x-x_0}\quad 或\quad f'(x_0)=\lim_{h\to 0}\frac{f(x_0+h)-f(x_0)}{h}.$$

若左极限 $\lim\limits_{\Delta x\to 0^-}\frac{\Delta y}{\Delta x}=\lim\limits_{\Delta x\to 0^-}\frac{f(x_0+\Delta x)-f(x_0)}{\Delta x}$存在，称为函数 $y=f(x)$在 x_0 点的左导数，记做 $f'_-(x_0)$.

若右极限 $\lim\limits_{\Delta x\to 0^+}\frac{\Delta y}{\Delta x}=\lim\limits_{\Delta x\to 0^+}\frac{f(x_0+\Delta x)-f(x_0)}{\Delta x}$存在，称为函数 $y=f(x)$在 x_0 点的右导数，记做$f'_+(x_0)$. 则函数 $y=f(x)$在 x_0 处可导的充要条件是左右导数都存在且相等.

如果函数 $y=f(x)$在区间(a,b)内的每一点都可导，就说函数 $y=f(x)$在区间(a,b)内可导. 此时，对于区间(a,b)内的每一个确定的 x 值，都有唯一确定的导数值 $f'(x)$与之对应，这就构成了一个新函数，这个函数 $y'=f'(x)$叫做函数 $y=f(x)$的**导函数**（习惯称为**导数**），记作 y'，$f'(x)$，$\frac{\mathrm{d}y}{\mathrm{d}x}$或$\frac{\mathrm{d}}{\mathrm{d}x}f(x)$，即

$$y'=\lim_{\Delta x\to 0}\frac{\Delta y}{\Delta x}=\lim_{\Delta x\to 0}\frac{f(x+\Delta x)-f(x)}{\Delta x}.$$

显然，函数 $y=f(x)$在点 x_0 处的导数 $f'(x)$就是导函数 $f'(x)$在点 $x=x_0$处的函数值，即

$$f'(x_0)=f'(x)\big|_{x=x_0}.$$

由导数定义可知：

(1) 变速直线运动的速度 $v(t)$是路程 $s(t)$对时间 t 的导数，即 $v(t)=$

$s'(t)=\dfrac{\mathrm{d}s}{\mathrm{d}t}$.

(2) 曲线 $y=f(x)$ 在其上一点 $M(x_0,y_0)$ 处的切线斜率为 $k=f'(x_0)$.

3.1.2　求导举例

由导数的定义知，求函数 $y=f(x)$ 的导数 y' 可以分为以下三个步骤：

(1) 求增量：$\Delta y=f(x+\Delta x)-f(x)$；

(2) 算比值：$\dfrac{\Delta y}{\Delta x}=\dfrac{f(x+\Delta x)-f(x)}{\Delta x}$；

(3) 取极限：$y'=\lim\limits_{\Delta x\to 0}\dfrac{\Delta y}{\Delta x}=\lim\limits_{\Delta x\to 0}\dfrac{f(x+\Delta x)-f(x)}{\Delta x}$.

应用这三个步骤，我们来求出几个基本初等函数的导数，得出的结果以后可作为公式使用.

【例 1】 求函数 $y=C$（C 为常数）的导数.

解　(1) 求增量：$\Delta y=f(x+\Delta x)-f(x)=C-C=0$.

(2) 算比值：$\dfrac{\Delta y}{\Delta x}=\dfrac{0}{\Delta x}=0$.

(3) 取极限：$y'=\lim\limits_{\Delta x\to 0}\dfrac{\Delta y}{\Delta x}=\lim\limits_{\Delta x\to 0}0=0$.

即 $(C)'=0$，这就是说，常数的导数等于零.

【例 2】 求函数 $y=x^n$（n 为正整数）的导数.

解　(1) 求增量：

$$\begin{aligned}\Delta y&=f(x+\Delta x)-f(x)=(x+\Delta x)^n-x^n\\&=\mathrm{C}_n^0x^n+\mathrm{C}_n^1x^{n-1}\Delta x+\mathrm{C}_n^2x^{n-2}(\Delta x)^2+\cdots+\\&\quad\ \mathrm{C}_n^n(\Delta x)^n-x^n\\&=\mathrm{C}_n^1x^{n-1}\Delta x+\mathrm{C}_n^2x^{n-2}(\Delta x)^2+\cdots+\mathrm{C}_n^n(\Delta x)^n.\end{aligned}$$

(2) 算比值：$\dfrac{\Delta y}{\Delta x}=\mathrm{C}_n^1x^{n-1}+\mathrm{C}_n^2x^{n-2}\Delta x+\cdots+(\Delta x)^{n-1}$.

(3) 取极限：$f'(x)=\lim\limits_{\Delta x\to 0}\dfrac{\Delta y}{\Delta x}=\mathrm{C}_n^1x^{n-1}=nx^{n-1}$,

即

$$(x^n)'=nx^{n-1}.$$

一般地，对于幂函数 $y=x^\alpha$（α 是任意实数）有导数公式

$$(x^\alpha)'=\alpha x^{\alpha-1}.$$

【例 3】 利用幂函数的求导公式求下列函数的导数：

(1) $y=x^3$；　(2) $y=\sqrt{x}$；　(3) $y=\dfrac{1}{x}$；　(4) $y=\dfrac{1}{\sqrt[3]{x^2}}$.

解 （1）$y'=(x^3)'=3x^2$；

（2）因为 $y=\sqrt{x}=x^{\frac{1}{2}}$，所以

$$y'=(x^{\frac{1}{2}})'=\frac{1}{2}x^{\frac{1}{2}-1}=\frac{1}{2}x^{-\frac{1}{2}}=\frac{1}{2\sqrt{x}};$$

（3）因为 $y=\frac{1}{x}=x^{-1}$，所以 $y'=(x^{-1})'=-x^{-1-1}=-x^{-2}=-\frac{1}{x^2}$；

（4）因为 $y=\frac{1}{\sqrt[3]{x^2}}=x^{-\frac{2}{3}}$，所以

$$y'=(x^{-\frac{2}{3}})'=-\frac{2}{3}x^{-\frac{2}{3}-1}=-\frac{2}{3}x^{-\frac{5}{3}}=-\frac{2}{3x\sqrt[3]{x^2}}.$$

【例 4】 求函数 $f(x)=\sin x$ 的导数.

解 （1）求增量：$\Delta y=f(x+\Delta x)-f(x)=\sin(x+\Delta x)-\sin x$

$$=2\cos\left(x+\frac{\Delta x}{2}\right)\sin\frac{\Delta x}{2},$$

（2）算比值：$\frac{\Delta y}{\Delta x}=\frac{2\cos\left(x+\frac{\Delta x}{2}\right)\sin\frac{\Delta x}{2}}{\Delta x}$，

（3）取极限：$\lim\limits_{\Delta x\to 0}\frac{\Delta y}{\Delta x}=\lim\limits_{\Delta x\to 0}\frac{2\cos\left(x+\frac{\Delta x}{2}\right)\sin\frac{\Delta x}{2}}{\Delta x}$

$$=\lim_{\Delta x\to 0}\cos\left(x+\frac{\Delta x}{2}\right)\frac{\sin\frac{\Delta x}{2}}{\frac{\Delta x}{2}}$$

$$=\cos x\cdot 1=\cos x.$$

所以
$$(\sin x)'=\cos x.$$

类似地，可求得

$$(\cos x)'=-\sin x.$$

【例 5】 求函数 $y=\sin x$ 在点 $x=\frac{\pi}{6}$ 处的导数.

解 因为 $y'=(\sin x)'=\cos x$，所以

$$y'|_{x=\frac{\pi}{6}}=\cos x|_{x=\frac{\pi}{6}}=\cos\frac{\pi}{6}=\frac{\sqrt{3}}{2}.$$

【例 6】 求对数函数 $y=\log_a x\,(a>0,a\neq 1)$ 的导数.

解 （1）求增量：$\Delta y=\log_a(x+\Delta x)-\log_a x=\log_a\left(1+\frac{\Delta x}{x}\right)$，

（2）算比值：$\frac{\Delta y}{\Delta x}=\frac{\log_a\left(1+\frac{\Delta x}{x}\right)}{\Delta x}=\log_a\left(1+\frac{\Delta x}{x}\right)^{\frac{1}{\Delta x}}$，

(3) 取极限：$\lim\limits_{\Delta x\to 0}\dfrac{\Delta y}{\Delta x}=\lim\limits_{\Delta x\to 0}\log_a\left(1+\dfrac{\Delta x}{x}\right)^{\frac{1}{\Delta x}}=\lim\limits_{\Delta x\to 0}\log_a\left[\left(1+\dfrac{\Delta x}{x}\right)^{\frac{x}{\Delta x}}\right]^{\frac{1}{x}}$

$$=\lim_{\Delta x\to 0}\frac{1}{x}\log_a\left(1+\frac{\Delta x}{x}\right)^{\frac{x}{\Delta x}}=\frac{1}{x}\lim_{\Delta x\to 0}\log_a\left(1+\frac{\Delta x}{x}\right)^{\frac{x}{\Delta x}}$$

$$=\frac{1}{x}\log_a\lim_{\Delta x\to 0}\left(1+\frac{\Delta x}{x}\right)^{\frac{x}{\Delta x}}=\frac{1}{x}\log_a \mathrm{e}=\frac{1}{x\ln a}.$$

即
$$(\log_a x)'=\frac{1}{x\ln a}.$$

特别地，有
$$(\ln x)'=\frac{1}{x}.$$

基本初等函数的求导公式：

(1) $(C)'=0$；　(2) $(x^\alpha)'=\alpha x^{\alpha-1}$；

(3) $(\sin x)'=\cos x$；　(4) $(\cos x)'=-\sin x$；

(5) $(a^x)'=a^x\ln a$；　(6) $(\mathrm{e}^x)'=\mathrm{e}^x$；

(7) $(\log_a x)'=\dfrac{1}{x\ln a}$；　(8) $(\ln x)'=\dfrac{1}{x}$.

3.1.3　导数的几何意义

前面我们讨论了曲线 $y=f(x)$ 在点 $M(x_0,y_0)$ 处的切线的斜率
$$k=\lim_{\Delta x\to 0}\frac{\Delta y}{\Delta x}=f'(x_0).$$

从上式可以看出，函数 $y=f(x)$ 在点 x_0 处的导数 $f'(x_0)$，就是曲线 $y=f(x)$ 在点 $M(x_0,y_0)$ 处的切线的斜率，这就是导数的几何意义.

如果函数 $y=f(x)$ 在点 x_0 处的导数为无穷大，这时曲线 $y=f(x)$ 的割线以垂直于 x 轴的直线 $x=x_0$ 为极限位置，即曲线 $y=f(x)$ 在点 $M(x_0,y_0)$ 处具有垂直于 x 轴的切线 $x=x_0$.

根据点斜式直线方程，可得曲线 $y=f(x)$ 在点 $M(x_0,y_0)$ 处的切线方程为：
$$y-y_0=f'(x_0)(x-x_0).$$

相应点处的法线方程为：
$$y-y_0=-\frac{1}{f'(x_0)}(x-x_0)\quad (f'(x_0)\neq 0).$$

【例 7】 求曲线 $y=x^2$ 在点(2,4)处的切线方程和法线方程.

解　由导数的几何意义可知，曲线 $y=x^2$ 在点(2,4)处的切线斜率为
$$k=y'\big|_{x=2}=(x^2)'\big|_{x=2}=2x\big|_{x=2}=4,$$

所求切线方程为

$$y-4=4(x-2),$$

即
$$4x-y-4=0.$$

法线方程为

$$y-4=-\frac{1}{4}(x-2),$$

即
$$x+4y-18=0.$$

3.1.4 函数可导与连续的关系

定理 1 如果函数 $y=f(x)$在点 x_0 处可导，则 $f(x)$在点 x_0 处连续.

证明 因为 $y=f(x)$在点 x_0 处可导，所以有

$$\lim_{\Delta x\to 0}\frac{\Delta y}{\Delta x}=f'(x_0),$$

于是

$$\lim_{\Delta x\to 0}\Delta y=\lim_{\Delta x\to 0}\frac{\Delta y}{\Delta x}\cdot\Delta x=\lim_{\Delta x\to 0}\frac{\Delta y}{\Delta x}\cdot\lim_{\Delta x\to 0}\Delta x=f'(x_0)\cdot 0=0,$$

所以函数 $y=f(x)$在点 x_0 处连续.

反之，函数 $y=f(x)$在 x_0 处连续时，$y=f(x)$在点 x_0 处不一定可导.

【例 8】 讨论函数 $y=|x|=\begin{cases}x & x\geqslant 0\\ -x & x<0\end{cases}$在点 $x=0$ 处的连续性与可导性.

解 因为

$$\lim_{x\to 0}y=\lim_{x\to 0}|x|=0=f(0),$$

所以 $y=|x|$点 $x=0$ 处连续. 但是由于

$$\frac{\Delta y}{\Delta x}=\frac{|\Delta x|}{\Delta x}=\begin{cases}1 & \Delta x>0\\ -1 & \Delta x<0\end{cases},$$

$$\lim_{\Delta x\to 0^+}\frac{\Delta y}{\Delta x}=1,\quad \lim_{\Delta x\to 0^-}\frac{\Delta y}{\Delta x}=-1,$$

所以$\lim\limits_{\Delta x\to 0}\frac{\Delta y}{\Delta x}$不存在，即 $y=|x|$点 $x=0$ 处不可导.

这在图形中的表现为 $y=|x|$点 $x=0$ 处没有切线(见图 3-2).

可见函数连续是可导的必要条件，但不是充分条件.

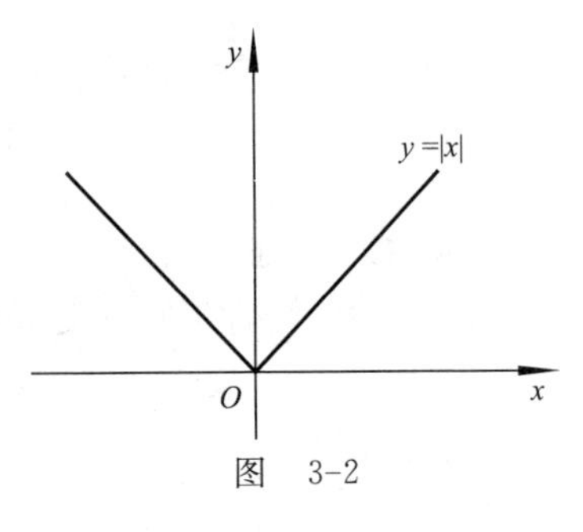

图 3-2

阅读材料

博学多才的数学符号大师——莱布尼茨

莱布尼茨(Leibniz,1646—1716)出生于书香门第,是德国一位博学多才的学者.他的学识涉及哲学、历史、语言、数学、生物、地质、物理、机械、神学、法学、外交等领域.并在每个领域中都有杰出的成就.然而,由于他对微积分的巨大贡献,并精心设计了非常巧妙而简洁的微积分符号,从而使他以伟大数学家的称号闻名于世.

莱布尼茨在从事数学研究的过程中,深受哲学思想的支配.他说 $\mathrm{d}x$ 和 x 相比,如同点和地球,或地球半径与宇宙半径相比.在其积分法论文中,他从求曲线所围面积的积分概念出发,把积分看作是无穷小的和,并引入积分符号"$\int$"(它是把拉丁文"Summa"的字头S拉长得到的).他的这个符号以及微积分的要领和法则一直保留到当今的教材中.莱布尼茨也发现了微分和积分是一对互逆的运算,并建立了沟通微分与积分内在联系的微积分基本定理,从而使原本各自独立的微分学和积分学成为统一的微积分学的整体.

莱布尼茨是数学史上最伟大的符号学者之一,堪称符号大师.他曾说:"要发明,就要挑选恰当的符号,要做到这一点,就要用含义简明的少量符号来表达和比较忠实地描绘事物的内在本质,从而最大限度地减少人的思维劳动."正象印度——阿拉伯的数学促进算术和代数发展一样,莱布尼茨所创造的这些数学符号对微积分的发展起了很大的促进作用.欧洲大陆的数学得以迅速发展,莱布尼茨的巧妙符号功不可灭.除积分、微分符号外,他创设的符号还有商"a/b"、"$a:b$"、相似"$\backsim$"、全等"$\cong$"、并"$\cup$"、交"$\cap$"以及函数和行列式等符号.

习题 3.1

1. 根据导数的定义,求下列函数在给定点处的导数值:

(1) $y=\dfrac{1}{x},x_0=2$;　　(2) $y=2x^2+1,x_0=-1$.

2. 利用幂函数的求导公式,求下列各函数的导数:

(1) $y=\dfrac{1}{\sqrt{x}}$;　　(2) $y=x^3$;

(3) $y=x^{\frac{5}{2}}$;　　(4) $y=x\sqrt[7]{x^3}$;

(5) $y=x^{-3}$;　　(6) $y=x^2\sqrt[3]{x}$.

3. 将一物体垂直上抛,其运动方程为 $s=16.2t-4.9t^2$,试求:

(1) 在 1 秒末至 2 秒末内的平均速度;

(2) 在 1 秒末和 2 秒末的瞬时速度.

4. 设 $f(x)=\cos x$,求 $f'\left(\frac{\pi}{3}\right)$,$f'\left(\frac{3}{4}\pi\right)$.

5. 求曲线 $y=x^3$ 在点(2,8)处的切线方程和法线方程.

6. 正弦曲线 $y=\sin x$ 在区间$[0,\pi]$上那一点处的切线与 x 轴平行?

3.2 初等函数的求导法则

前面我们用定义求出了一些简单函数的导数,但对于复杂函数的求导问题,利用定义往往比较麻烦,甚至不能解决问题.这一节我们介绍导数的四则运算法则,复合函数的求导法则,借助于这些法则,就能比较简便地求出初等函数的导数.

3.2.1 函数和、差的求导法则

设函数 $u=u(x)$ 和 $v=v(x)$ 在点 x 处均可导,则有以下法则:

法则 1 两个可导函数的和(或差)的导数等于各个函数的导数的和(或差).即

$$(u\pm v)'=u'\pm v',$$

此法则可以推广到多个可导函数的情形,例如

$$(u+v-w)'=u'+v'-w'.$$

【例 1】 求函数 $y=x^2-\sqrt{x}+\sin x$ 的导数.

解 由法则 1,得

$$y'=(x^2)'-(\sqrt{x})'+(\sin x)'=2x-\frac{1}{2}x^{-\frac{1}{2}}+\cos x=2x-\frac{1}{2\sqrt{x}}+\cos x.$$

【例 2】 求函数 $y=\cos x-\frac{1}{x}+\ln x$ 的导数.

解 由法则 1,得

$$y'=(\cos x)'-\left(\frac{1}{x}\right)'+(\ln x)'=-\sin x+\frac{1}{x^2}+\frac{1}{x}.$$

【例 3】 已知 $f(x)=x^3+4\cos x-\sin\frac{\pi}{2}$,求 $f'(x)$和 $f'\left(\frac{\pi}{2}\right)$.

解　$f'(x)=(x^3)'+4(\cos x)'-\left(\sin\frac{\pi}{2}\right)'=3x^2-4\sin x$,

$$f'\left(\frac{\pi}{2}\right)=3\left(\frac{\pi}{2}\right)^2-4\sin\frac{\pi}{2}=\frac{3}{4}\pi^2-4.$$

注意:求 $f'\left(\frac{\pi}{2}\right)$是先求导函数,再将 $x=\frac{\pi}{2}$代入导数表达式.

3.2.2　乘积的求导法则

设函数 $u=u(x)$和 $v=v(x)$在点 x 处均可导,则有以下法则:

法则 2　两个可导函数乘积的导数等于第一个因子的导数与第二个因子的乘积,加上第一个因子与第二个因子的导数的乘积.即

$$(uv)'=u'v+uv'.$$

推论　求一个常数与一个可导函数乘积的导数时,常数因子可以提到求导括号外面.即$(cu)'=cu'$

积的求导法则也可以推广到有限多个函数相乘的情形,如

$$(uvw)'=u'vw+uv'w+uvw'.$$

【例 4】　求函数 $y=(3x+2)\sin x$ 的导数.

解　由法则 1、法则 2 及推论,得

$$\begin{aligned}y'&=(3x+2)'\sin x+(3x+2)(\sin x)'\\&=[(3x)'+2']\sin x+(3x+2)\cos x\\&=3\sin x+(3x+2)\cos x.\end{aligned}$$

【例 5】　求函数 $y=e^x\sin x$ 的导数.

解　$y'=(e^x)'\sin x+e^x(\sin x)'=e^x\sin x+e^x\cos x=e^x(\sin x+\cos x)$.

3.2.3　商的求导法则

设函数 $u=u(x)$和 $v=v(x)$在点 x 处均可导,则有以下法则:

法则 3　两个可导函数之商的导数,等于分子的导数与分母的乘积,减去分母的导数与分子的乘积,再除以分母的平方.

$$\left(\frac{u}{v}\right)'=\frac{u'v-uv'}{v^2}.$$

【例 6】　求下列函数的导数:

(1) $y=\frac{2x+1}{x+1}$;　(2) $y=\frac{x^3}{1+x}$;　(3) $y=\frac{\sin x}{1+\cos x}$.

解　(1) $y'=\frac{(2x+1)'\cdot(x+1)-(2x+1)\cdot(x+1)'}{(x+1)^2}=\frac{1}{(x+1)^2}$;

(2) $y'=\frac{(x^3)'(1+x)-x^3(1+x)'}{(1+x)^2}=\frac{3x^2+2x^3}{(1+x)^2}$;

(3) $y'=\dfrac{(\sin x)'(1+\cos x)-\sin x(1+\cos x)'}{(1+\cos x)^2}$

$$=\frac{\cos x(1+\cos x)-\sin x(-\sin x)}{(1+\cos x)^2}$$

$$=\frac{\cos x+\cos^2 x+\sin^2 x}{(1+\cos x)^2}=\frac{1+\cos x}{(1+\cos x)^2}=\frac{1}{1+\cos x}.$$

【例 7】 求函数 $y=\tan x$ 导数.

解 $y'=(\tan x)'=\left(\dfrac{\sin x}{\cos x}\right)'=\dfrac{(\sin x)'\cos x-\sin x(\cos x)'}{\cos^2 x}$

$$=\frac{\cos^2 x+\sin^2 x}{\cos^2 x}=\frac{1}{\cos^2 x}=\sec^2 x.$$

即得正切函数的求导公式:

$$(\tan x)'=\sec^2 x.$$

类似地,可得到余切函数的求导公式:

$$(\cot x)'=-\csc^2 x.$$

3.2.4 复合函数的求导法则

法则 4(复合函数的求导法则) 如果函数 $u=\varphi(x)$在点 x 处可导,$y=f(u)$在对应点 u 处可导,则复合函数 $y=f(\varphi(x))$在点 x 处也可导,且

$$\frac{dy}{dx}=\frac{dy}{du}\cdot\frac{du}{dx}.$$

上式也可以写为

$$y'_x=y'_u\cdot u'_x,$$

或

$$y'(x)=f'(u)\cdot\varphi'(x),$$

其中 $u=\varphi(x)$是中间变量,式中 y'_x表示函数 y 对 x 的导数,y'_u表示函数 y 对中间变量 u 的导数,而 u'_x表示中间变量 u 对自变量 x 的导数.

此公式推广到有限次复合的情况如下:

例如,设 $y=f(u)$,$u=\varphi(v)$,$v=\psi(x)$则复合函数 $y=f(\varphi(\psi(x)))$对 x 的导数是

$$\frac{dy}{dx}=\frac{dy}{du}\cdot\frac{du}{dv}\cdot\frac{dv}{dx} \quad 或 \quad y'_x=y'_u\cdot u'_v\cdot v'_x.$$

【例 8】 求下列函数的导数:

(1) $y=\sin 2x$; (2) $y=\sqrt{3x^2+1}$.

解 (1) 设 $y=\sin u$,$u=2x$,则

$$y'_x=y'_u\cdot u'_x=(\sin u)'\cdot(2x)'=2\cos u=2\cos 2x.$$

(2) 设 $y=\sqrt{u}$，$u=3x^2+1$，则

$$y'_x=y'_u\cdot u'_x=(\sqrt{u})'\cdot(3x^2+1)'=\frac{1}{2\sqrt{u}}\cdot 6x=\frac{3x}{\sqrt{3x^2+1}}.$$

【例 9】 设 $y=\ln\sin x$，求$\frac{\mathrm{d}y}{\mathrm{d}x}$.

解 设 $y=\ln u$，$u=\sin x$，

$$y'_x=y'_u u'_x=(\ln u)'_u\cdot(\sin x)'_x=\frac{1}{u}\cdot\cos x=\frac{\cos x}{\sin x}=\cot x.$$

从上面的例子可以看出，求复合函数的导数的关键在于把复合函数正确地分解成基本初等函数或基本初等函数的和、差、积、商，然后运用复合函数的求导法则和适当的导数公式进行计算，最后把引进的中间变量代换成原来的自变量.

当我们对复合函数的分解比较熟练后，就不必再把中间变量写出来，只要记在心中，按照复合函数的求导法则，由外向里逐层求导即可.

【例 10】 求函数 $y=\sin^2\left(2x-\frac{\pi}{4}\right)$的导数.

解 $y'=2\sin\left(2x-\frac{\pi}{4}\right)\cdot\left[\sin\left(2x-\frac{\pi}{4}\right)\right]'$

$$=2\sin\left(2x-\frac{\pi}{4}\right)\cdot\cos\left(2x-\frac{\pi}{4}\right)\cdot\left(2x-\frac{\pi}{4}\right)'$$

$$=2\sin\left(4x-\frac{\pi}{2}\right)=-2\sin\left(\frac{\pi}{2}-4x\right)=-2\cos 4x.$$

【例 11】 设 $y=\mathrm{e}^{\sin\frac{1}{x}}$，求$\frac{\mathrm{d}y}{\mathrm{d}x}$.

解 $\frac{\mathrm{d}y}{\mathrm{d}x}=\mathrm{e}^{\sin\frac{1}{x}}\cdot\left(\sin\frac{1}{x}\right)'=\mathrm{e}^{\sin\frac{1}{x}}\cdot\cos\frac{1}{x}\cdot\left(\frac{1}{x}\right)'$

$$=\mathrm{e}^{\sin\frac{1}{x}}\cdot\cos\frac{1}{x}\cdot(-x^{-2})=-\frac{1}{x^2}\cdot\mathrm{e}^{\sin\frac{1}{x}}\cdot\cos\frac{1}{x}.$$

3.2.5 高阶导数

如果函数 $y=f(x)$的导数 $y'=f'(x)$仍然是可导函数，则导数 $y'=f'(x)$的导数称为函数 $y=f(x)$的**二阶导数**，记作

$$y'',f''(x)\quad 或\quad \frac{\mathrm{d}^2y}{\mathrm{d}x^2}.$$

即

$$y''=(y')',f''(x)=[f'(x)]'\quad 或\quad \frac{\mathrm{d}^2y}{\mathrm{d}x^2}=\frac{\mathrm{d}}{\mathrm{d}x}\left(\frac{\mathrm{d}y}{\mathrm{d}x}\right).$$

相应地 $y'=f'(x)$ 称为函数 $y=f(x)$ 的**一阶导数**. 类似地，函数 $y=f(x)$ 的二阶导数的导数称为函数 $y=f(x)$ 的**三阶导数**，记作 y'''，$f'''(x)$ 或 $\dfrac{d^3y}{dx^3}$. 依次类推，函数 $y=f(x)$ 的 $n-1$ 阶导数的导数称为函数 $y=f(x)$ 的 n **阶导数**，记作 $y^{(n)}$，$f^{(n)}(x)$ 或 $\dfrac{d^ny}{dx^n}$.

二阶及二阶以上的导数统称为**高阶导数**.

由此可见，求一个函数的高阶导数可反复应用求函数的一阶导数的方法进行计算即可.

【例 12】 设 $y=e^x$，求 $\dfrac{d^ny}{dx^n}$.

解 $y'=e^x$，$y''=(e^x)'=e^x$，$y'''=e^x$，…，$y^{(n)}=e^x$.

【例 13】 设 $y=x^3e^x$，求 $\dfrac{d^2y}{dx^2}$.

解 $y'=3x^2e^x+x^3e^x$，

$$\begin{aligned} y''&=(3x^2e^x)'+(x^3e^x)'=6xe^x+3x^2e^x+3x^2e^x+x^3e^x \\ &=(x^3+6x^2+6x)e^x. \end{aligned}$$

【例 14】 求函数 $y=\sin x$ 的 n 阶导数.

解 因为 $y=\sin x$，所以

$$y'=\cos x=\sin\left(\frac{\pi}{2}+x\right),$$

$$y''=\cos\left(\frac{\pi}{2}+x\right)=\sin\left[\frac{\pi}{2}+\left(\frac{\pi}{2}+x\right)\right]=\sin\left(2\cdot\frac{\pi}{2}+x\right),$$

$$y'''=\cos\left(2\cdot\frac{\pi}{2}+x\right)=\sin\left[\frac{\pi}{2}+\left(2\cdot\frac{\pi}{2}+x\right)\right]=\sin\left(3\cdot\frac{\pi}{2}+x\right),$$

……

$$y^{(n)}=\sin\left(n\cdot\frac{\pi}{2}+x\right).$$

二阶导数的物理意义：

我们已经知道物体作变速直线运动时，若其运动方程为 $s=s(t)$，则物体在某一时刻的运动速度 v 是路程 s 对时间 t 的一阶导数，即

$$v=s'(t)=\frac{ds}{dt}.$$

因速度 v 仍是时间 t 的函数，所以不难得出物体运动的加速度

$$a=v'(t)=s''(t)=\frac{d^2s}{dt^2}.$$

它是路程 s 对时间 t 的二阶导数，通常把它看作二阶导数的物理意义.

习　题　3.2

1. 求下列函数的导数：

(1) $y=\sqrt[3]{x^2}-2^x+\frac{\sqrt{2}}{2}$；

(2) $y=3x^2-\sqrt{x}+3\sin x-\ln 3$；

(3) $y=(\sqrt{x}+1)\left(\frac{1}{\sqrt{x}}-1\right)$；

(4) $y=\frac{x^5+\sqrt{x}+1}{x^3}$；

(5) $y=x\cos x+3$；

(6) $y=\frac{x^2}{1-x^2}$；

(7) $y=x^2\sin x+\cos\frac{\pi}{3}$；

(8) $y=\frac{x-1}{x+1}$.

2. 求下列函数在给定点处的导数：

(1) $y=x^2-2\sin x$ 在点 $x=0$ 及 $x=\frac{\pi}{2}$ 处；

(2) $y=\frac{1}{1+x}$在点 $x=0$ 及 $x=2$ 处.

3. 求下列函数的导数：

(1) $y=\mathrm{e}^{3x+2}$；

(2) $y=(3x^2+2)^5$；

(3) $y=\cos(2x+1)$；

(4) $y=\sin\frac{x}{3}$；

(5) $y=\ln(1-x^2)$；

(6) $y=\sin(3-4x)$；

(7) $y=\frac{1}{2x+1}$；

(8) $y=\frac{1}{\sqrt{x^2+1}}$；

(9) $y=\sqrt{1-x^2}$；

(10) $y=\sin^2 x$.

4. 求下列函数的二阶导数：

(1) $y=x^3+2x^2+3x+4$；

(2) $y=(2+x^2)(1+\ln x)$；

(3) $y=(1+x^2)\sin x$；

(4) $y=x\ln x$；

(5) $y=\mathrm{e}^{2x}\sin x$；

(6) $y=\ln x$.

3.3　函数的微分

在许多实际问题中，需要计算当自变量微小变化时函数的增量. 当函数较为复杂时，Δy 的精确计算会相当麻烦，这就需要寻找求函数增量近似值的方法. 为此，我们引出微分学中的另一个重要概念——函数的微分.

3.3.1 微分的定义

先从一个具体的实例分析.

一块正方形金属薄片,受热膨胀,其边长由 x_0 变到 $x_0+\Delta x$,此薄片的面积增加了多少?

设正方形的面积为 S,面积增加量为 ΔS,则

$$\Delta S=(x_0+\Delta x)^2-x_0^2=2x_0\Delta x+(\Delta x)^2.$$

ΔS 由两部分组成. 第一部分 $2x_0\Delta x$ 是 Δx 线性函数. 当 $\Delta x\to 0$ 时,它是 Δx 的同阶无穷小;而第二部分 $(\Delta x)^2$,当 $\Delta x\to 0$ 时,是比 Δx 高阶的无穷小,即

$$\lim_{\Delta x\to 0}\frac{2x_0\Delta x}{\Delta x}=2x_0,\quad \lim_{\Delta x\to 0}\frac{(\Delta x)^2}{\Delta x}=0.$$

因此,对 ΔS 来说,当 $|\Delta x|$ 很小时,$(\Delta x)^2$ 可以忽略不计,而 $2x_0\Delta x$ 可以作为其较好的近似值(见图 3-3). 由于 $2x_0\Delta x$ 的计算既简便又有一定的精确度,我们可以把它作为 ΔS 的近似值.

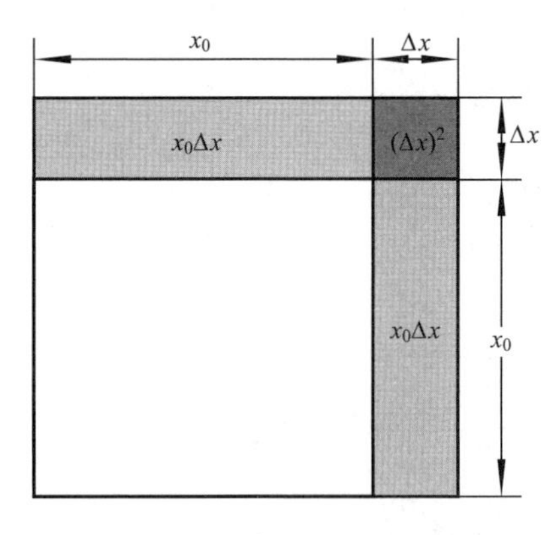

图 3-3

设有函数 $y=f(x)$,如果 $f(x)$ 在 x_0 处可导,即有

$$\lim_{\Delta x\to 0}\frac{\Delta y}{\Delta x}=f'(x_0),$$

由无穷小与极限的关系,有

$$\frac{\Delta y}{\Delta x}=f'(x_0)+\alpha,$$

其中 $\lim\limits_{\Delta x\to 0}\alpha=0$,所以

$$\Delta y=f'(x_0)\cdot\Delta x+\alpha\cdot\Delta x.$$

这样,Δy 由两部分组成. 一部分是 Δx 线性函数 $f'(x_0)\Delta x$,称为 Δy 的

线性主部；另一部分 $\alpha \cdot (\Delta x)$，当 $\Delta x \to 0$ 时，是比 Δx 高阶的无穷小. 如果将 Δy 的线性主部作为 Δy 的近似计算公式，则有计算简单，近似程度高的优点，这一部分，我们称其为函数的微分.

定义　若函数 $y=f(x)$在 x_0 的某邻域内有定义，且在 x_0 处具有导数 $f'(x_0)$，x 在该邻域内点 x_0 处的增量为 Δx，相应的函数增量为 Δy，若$\Delta y = f'(x_0)\Delta x + o(\Delta x)$，则称函数 $y=f(x)$在点 x_0 处可微，且称 $f'(x_0)\Delta x$ 为函数 $y=f(x)$在点 x_0 处的**微分**，记作$\mathrm{d}y\big|_{x=x_0}$，即$\mathrm{d}y\big|_{x=x_0} = f'(x_0)\Delta x$.

可以证明：

函数 $y=f(x)$在点 x_0 处可微的充分必要条件是 $y=f(x)$在点 x_0 处可导，且当 $f(x)$在点 x_0 处可微时，其微分一定是 $\mathrm{d}y=f'(x_0)\Delta x$.

【例 1】　求 $y=x^2+1$ 在 $x=1$ 处，$\Delta x=0.01$ 时的增量与微分.

解　$\Delta y = f(1.01) - f(1) = (1.01^2+1) - (1^2+1) = 0.020\ 1$.

$y'\big|_{x=1} = 2x\big|_{x=1} = 2$，$\mathrm{d}y\big|_{\substack{x=1\\ \Delta x=0.01}} = 2x\Delta x\big|_{\substack{x=1\\ \Delta x=0.01}} = 0.02$. Δy 与 $\mathrm{d}y$ 误差为 0.000 1.

一般地，设函数 $y=f(x)$在 x 点处可导，称 $f'(x)\cdot\Delta x$ 为函数 $y=f(x)$在点 x 处的微分. 记作 $\mathrm{d}y$，即

$$\mathrm{d}y = f'(x)\cdot\Delta x.$$

因为当 $y=x$ 时，$\mathrm{d}x = x'\cdot\Delta x = \Delta x$，即自变量的微分 $\mathrm{d}x$ 就是自变量的增量 Δx，所以函数的微分记作

$$\mathrm{d}y = f'(x)\mathrm{d}x.$$

从而有

$$\frac{\mathrm{d}y}{\mathrm{d}x} = f'(x).$$

这表明，函数 y 的微分 $\mathrm{d}y$ 与自变量 x 的微分 $\mathrm{d}x$ 之商等于该函数的导数，因此，导数又称**微商**.

【例 2】　设 $y=\ln(x+1)$，求 $\mathrm{d}y$.

解　先求导，再求微分：

因为

$$\frac{\mathrm{d}y}{\mathrm{d}x} = [\ln(x+1)]' = \frac{1}{x+1},$$

所以

$$\mathrm{d}y = \frac{1}{x+1}\mathrm{d}x.$$

【例 3】　设 $y=x^2+\sin x$，求 $\mathrm{d}y$.

解　$y' = 2x+\cos x$，$\mathrm{d}y = (2x+\cos x)\mathrm{d}x$.

3.3.2　微分的几何意义

函数 $y=f(x)$的图形为一条曲线，对于 x_0，曲线上有一个确定的点 M

(x_0, y_0)，当 x 有微小增量 Δx 时，得到曲线上另一点 $N(x_0+\Delta x, y_0+\Delta y)$，直线 MT 是过 M 点的曲线的切线，由图 3-4 可知

$$MQ=\Delta x,\quad NQ=\Delta y,\quad PQ=MQ\tan\alpha=\Delta x f'(x_0)=\mathrm{d}y,$$

即当 Δy 是曲线上点的纵坐标的增量时，$\mathrm{d}y$ 就是曲线的切线上点的纵坐标的相应增量. 当 $|\Delta x|$ 很小时 $|\Delta y-\mathrm{d}y|$ 比 $|\Delta x|$ 小得多，因此在点 M 的邻近，我们可以用切线段来近的代替曲线段.

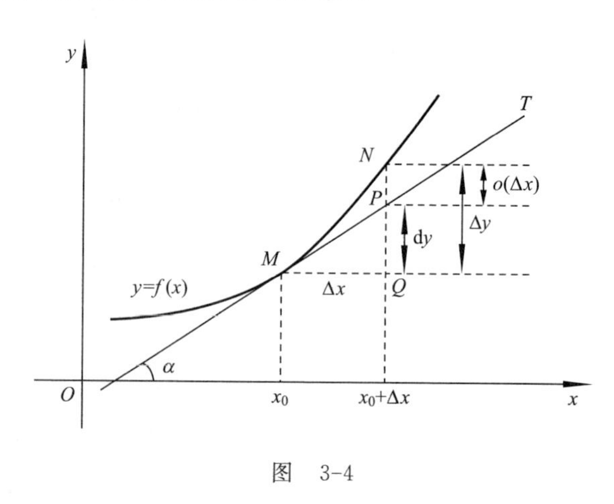

图 3-4

3.3.3 微分基本公式及微分的运算法则

由微分定义 $\mathrm{d}y=f'(x)\mathrm{d}x$ 知，若要求函数的微分只需计算函数的导数，再乘以自变量的微分 $\mathrm{d}x$，因此根据导数公式及求导的运算法则，即可得到微分的基本公式和运算法则，归纳总结如下：

1. 基本初等函数的微分公式

$\mathrm{d}(C)=0$ （C 为常数）；　　$\mathrm{d}(x^{\alpha})=\alpha x^{\alpha-1}\mathrm{d}x$；

$\mathrm{d}(\sin x)=\cos x\mathrm{d}x$；　　$d(\cos x)=-\sin x\mathrm{d}x$；

$\mathrm{d}(a^x)=a^x\ln a\mathrm{d}x$ （$a>0$）；　　$\mathrm{d}(\mathrm{e}^x)=\mathrm{e}^x\mathrm{d}x$；

$\mathrm{d}(\log_a x)=\dfrac{1}{x\ln a}\mathrm{d}x$ （$a>0$ 且 $a\neq 1$）；　　$\mathrm{d}(\ln x)=\dfrac{1}{x}\mathrm{d}x$；

$\mathrm{d}(\tan x)=\sec^2 x\mathrm{d}x$；　　$\mathrm{d}(\cot x)=-\csc^2 x\mathrm{d}x$.

2. 微分运算法则

$\mathrm{d}(u\pm v)=\mathrm{d}u\pm\mathrm{d}v$；　　$\mathrm{d}(uv)=u\mathrm{d}v+v\mathrm{d}u$；

$\mathrm{d}(Cu)=C\mathrm{d}u$ （C 常数）；　　$\mathrm{d}\left(\dfrac{u}{v}\right)=\dfrac{v\mathrm{d}u-u\mathrm{d}v}{v^2}$ （$v\neq 0$）.

3. 复合函数的微分法则

设 $y=f(u)$，$u=\varphi(x)$，则复合函数 $y=f(\varphi(x))$ 的微分法则为

$$dy=f'(u)\varphi'(x)dx.$$

因为 $\varphi'(x)dx=du$，所以

$$dy=f'(u)du.$$

将公式 $dy=f'(u)du$ 与 $dy=f'(x)dx$ 相比，可见不论 u 是自变量还是中间变量，函数 $y=f(u)$ 的微分形式总是 $dy=f'(u)du$，这个性质称为一阶微分形式的不变性.

【例 4】 设 $y=\cos\sqrt{x}$，求 dy.

解　方法 1　$y'=-\sin\sqrt{x}\dfrac{1}{2\sqrt{x}}$，　$dy=-\dfrac{\sin\sqrt{x}}{2\sqrt{x}}\cdot dx$；

方法 2　$dy=d(\cos\sqrt{x})=-\sin\sqrt{x}d\sqrt{x}=-\dfrac{\sin\sqrt{x}}{2\sqrt{x}}\cdot dx$，

$$dy=-\frac{\sin\sqrt{x}}{2\sqrt{x}}\cdot dx.$$

习　题　3.3

1. 求下列函数在给定条件下的增量和微分：

(1) $y=2x-1$，x 由 0 变到 0.02；

(2) $y=x^2-2x+3$，x 由 2 变到 1.99.

2. 求下列函数的微分：

(1) $y=\dfrac{1}{x}+2\sqrt{x}$；　(2) $y=x\sin 2x$；

(3) $y=(1-2x)^2$；　(4) $y=\cos(3+2x)$；

(5) $y=e^{3x}$；　(6) $y=\ln(x^2+1)$；

(7) $y=\cos 3x$；　(8) $y=xe^x$.

3. 将适当的函数填入下列括号内，使等式成立.

(1) $d(\quad)=5dx$；　(2) $d(\quad)=x^2dx$；

(3) $d(\quad)=\sin 3xdx$；　(4) $d(\quad)=\dfrac{1}{x-1}dx$.

3.4　洛必达法则

在第 2 章求极限时，我们经常遇到形如当 $x\to x_0$（或 $x\to\infty$）时，函数 $\dfrac{f(x)}{g(x)}$ 的分子、分母都趋近于零或都趋近于无穷大的情况. 对于这种函数是

不能直接利用商的极限运算法则去求其极限的. 极限 $\lim\limits_{\substack{x\to x_0\\(x\to\infty)}}\dfrac{f(x)}{g(x)}$可能存在,也可能不存在. 通常把这种极限称为**未定式**,分别简记为"$\dfrac{0}{0}$"或"$\dfrac{\infty}{\infty}$"型. 下面介绍求这类极限的一种简便且重要的方法——洛必达(L′ Hospital)法则.

对于"$\dfrac{0}{0}$"型的极限,有下面的法则:

法则 1 如果函数 $f(x)$与函数 $g(x)$满足:

(1) $\lim\limits_{x\to x_0}f(x)=\lim\limits_{x\to x_0}g(x)=0$;

(2) 函数 $f(x)$与 $g(x)$在点 x_0 的邻域内均可导,且 $g'(x)\neq 0$;

(3) $\lim\limits_{x\to x_0}\dfrac{f'(x)}{g'(x)}$存在(或为无穷大).

那么

$$\lim_{x\to x_0}\frac{f(x)}{g(x)}=\lim_{x\to x_0}\frac{f'(x)}{g'(x)}.$$

将 $x\to x_0$ 改为 $x\to\infty$时,定理仍成立.

【例 1】 求极限$\lim\limits_{x\to 1}\dfrac{x^3-1}{x-1}$.

解 当 $x\to 0$ 时,分子 $x^3-1\to 0$,分母 $x-1\to 0$,此极限为"$\dfrac{0}{0}$"型,由洛必达法则,得

$$\lim_{x\to 1}\frac{x^3-1}{x-1}=\lim_{x\to 1}\frac{3x^2}{1}=3.$$

【例 2】 求极限$\lim\limits_{x\to 1}\dfrac{x^3-3x+2}{x^3-x^2-x+1}$.

解 当 $x\to 1$ 时,分子、分母都趋近于零,由洛必达法则,得

$$\lim_{x\to 1}\frac{x^3-3x+2}{x^3-x^2-x+1}=\lim_{x\to 1}\frac{3x^2-3}{3x^2-2x-1}=\lim_{x\to 1}\frac{6x}{6x-2}=\frac{6}{6-2}=\frac{3}{2}.$$

注意:(1) 若$\lim\limits_{x\to x_0}\dfrac{f'(x)}{g'(x)}$仍为$\dfrac{0}{0}$型可继续对此极限式应用洛必达法则,由此类推可多次连续使用此法则.

(2) 上式中的$\lim\limits_{x\to 1}\dfrac{6x}{6x-2}$已不是未定式,就不能应用洛必达法则了,这一点应引起注意.

【例 3】 求极限$\lim\limits_{x\to 0}\dfrac{x-\sin x}{x^3}$.

解 **解法一**:$\lim\limits_{x\to 0}\dfrac{x-\sin x}{x^3}=\lim\limits_{x\to 0}\dfrac{1-\cos x}{3x^2}=\lim\limits_{x\to 0}\dfrac{\sin x}{6x}=\dfrac{1}{6}$.

解法二:利用等价无穷小代换,当 $x\to 0$ 时,$1-\cos x\sim\dfrac{1}{2}x^2$,

$$\lim_{x\to 0}\frac{x-\sin x}{x^3}=\lim_{x\to 0}\frac{1-\cos x}{3x^2}=\lim_{x\to 0}\frac{\frac{1}{2}x^2}{3x^2}=\frac{1}{6}.$$

【例4】 求极限$\lim\limits_{x\to 0}\dfrac{\ln(1+3x)}{x^2}$.

解 当 $x\to 0$ 时,分子 $\ln(1+3x)\to 0$,分母 $x^2\to 0$,此极限为"$\dfrac{0}{0}$"型,利用洛必达法则,得

$$\lim_{x\to 0}\frac{\ln(1+3x)}{x^2}=\lim_{x\to 0}\frac{\frac{3}{1+3x}}{2x}=\lim_{x\to 0}\frac{3}{2x(1+3x)}=\infty.$$

对于"$\dfrac{\infty}{\infty}$"型的极限,有下面法则:

法则2 如果函数 $f(x)$与函数 $g(x)$满足:

(1) $\lim\limits_{x\to x_0}f(x)=\lim\limits_{x\to x_0}g(x)=\infty$;

(2) 函数 $f(x)$与 $g(x)$在点 x_0 的邻域内均可导,且 $g'(x)\neq 0$;

(3) $\lim\limits_{x\to x_0}\dfrac{f'(x)}{g'(x)}$存在(或为无穷大),

那么

$$\lim_{x\to x_0}\frac{f(x)}{g(x)}=\lim_{x\to x_0}\frac{f'(x)}{g'(x)}.$$

将 $x\to x_0$ 改为 $x\to\infty$时,定理仍成立.

【例5】 求极限$\lim\limits_{x\to\infty}\dfrac{x^2+2}{2x^2-x+1}$.

解 $\lim\limits_{x\to\infty}\dfrac{x^2+2}{2x^2-x+1}=\lim\limits_{x\to\infty}\dfrac{2x}{4x-1}=\lim\limits_{x\to\infty}\dfrac{2}{4}=\dfrac{1}{2}$

【例6】 求极限 $\lim\limits_{x\to+\infty}\dfrac{x^2}{e^x}$.

解 $\lim\limits_{x\to+\infty}\dfrac{x^2}{e^x}=\lim\limits_{x\to+\infty}\dfrac{2x}{e^x}=\lim\limits_{x\to+\infty}\dfrac{2}{e^x}=0$.

对于其它未定型,如 $0\cdot\infty,1^\infty,0^\infty,\infty^0,\infty-\infty$等,可通过适当变换,化为$\dfrac{0}{0}$或$\dfrac{\infty}{\infty}$型后,再应用洛必达法则求解.

【例7】 求$\lim\limits_{x\to 1}\left(\dfrac{2}{x^2-1}-\dfrac{1}{x-1}\right)$($\infty-\infty$型)

解 $\lim\limits_{x\to1}\left(\frac{2}{x^2-1}-\frac{1}{x-1}\right)=\lim\limits_{x\to1}\frac{2-(x+1)}{x^2-1}=\lim\limits_{x\to1}\frac{1-x}{x^2-1}=\lim\limits_{x\to1}\frac{-1}{2x}=-\frac{1}{2}.$

注意:通分化为$\frac{0}{0}$型或$\frac{\infty}{\infty}$型.

例$\lim\limits_{x\to\infty}\frac{x+\sin x}{x}$,这是"$\frac{\infty}{\infty}$"的形式,若用洛必达法则计算,有

$$\lim_{x\to\infty}\frac{x+\sin x}{x}=\lim_{x\to\infty}(1+\cos x).$$

这个极限显然不存在的,因此这时洛必达法则失效.但原极限存在,因为

$$\lim_{x\to\infty}\frac{x+\sin x}{x}=\lim_{x\to\infty}\left(1+\frac{\sin x}{x}\right)=1+0=1.$$

结论:若$\lim\frac{f'(x)}{g'(x)}$不存在,未必能够说明$\lim\frac{f(x)}{g(x)}$不存在,因此应用洛必达法则时必须注意前提条件:$\lim\frac{f'(x)}{g'(x)}$存在(包括∞).

使用洛必达法则必须注意以下几点:

(1) 洛必达法则只适用于$\frac{0}{0}$,$\frac{\infty}{\infty}$未定式,其他未定式须先化成这两种类型之一,然后再用该法则;

(2) 使用洛必达法则时最好能与其他求极限的方法结合使用. 例如有可约因子则先约去,可以应用等价无穷小代替或重要极限时尽可能用,以简化演算步骤;

(3) 若$\lim\frac{f'(x)}{g'(x)}$不存在(不包括∞的情形),并不能断定$\lim\frac{f(x)}{g(x)}$也不存在,此时应使用其他方法求极限.

阅读材料

洛 必 达

洛必达(L'Hospital)是法国数学家,1661 年生于巴黎贵族家庭,他拥有圣梅特侯爵、昂特尔芒伯爵称号.

洛必达早年显示出其数学才华,15 岁时就解出帕斯卡的摆线难题.

洛必达的最大功绩是撰写了世界上第一本系统的微积分教程《用于理解曲线的无穷小分析》. 这部著作出版于 1696 年,后来多次修订再版,为在欧洲大陆,特别是在法国普及微积分起了重要作用. 这本书

追随欧几里得和阿基米德古典范例，以定义和公理为出发点，同时得益于他的老师约翰·伯努利的著作. 约翰·伯努利在 1691—1692 年间写了两篇关于微积分的短论，但未发表. 不久以后，他答应为年轻的洛必达讲授微积分，定期领取薪金. 作为答谢，他把自己的数学发现传授给洛必达，并允许他随时利用. 于是洛必达根据约翰·伯努利的传授和未发表的论著以及自己的学习心得，撰写了该书. 书中第九章记载着著名的"洛必达法则".

洛必达曾计划出版一本关于积分学的书，但在得悉莱布尼茨也打算撰写这样一本书时，就放弃了自己的计划. 他还写过一本关于圆锥曲线的书《圆锥曲线分析论》. 此书在他逝世之后 16 年才出版.

洛必达豁达大度，气宇不凡. 由于他与当时欧洲各国主要数学家都有交往，从而成为全欧洲传播微积分的著名人物.

习　题　3.4

用洛必达法则求下列极限：

(1) $\lim\limits_{x\to 1}\dfrac{x^2-6x+5}{2x^3-2}$；

(2) $\lim\limits_{x\to 4}\dfrac{x^2-16}{x-4}$；

(3) $\lim\limits_{x\to 0}\dfrac{\sin 3x}{\sin 2x}$；

(4) $\lim\limits_{x\to a}\dfrac{\sin x-\sin a}{x-a}$；

(5) $\lim\limits_{x\to 0}\dfrac{e^x-e^{-x}}{2x}$；

(6) $\lim\limits_{x\to\infty}\dfrac{x^3+3x^2}{3x^3+2x^2+1}$；

(7) $\lim\limits_{x\to+\infty}\dfrac{\ln x}{x^3}$；

(8) $\lim\limits_{x\to 1}\dfrac{\ln x}{x-1}$.

3.5　拉格朗日中值定理与函数单调性判定法

3.5.1　拉格朗日中值定理

定理 1　如果函数 $y=f(x)$满足：

(1) 在闭区间$[a,b]$上连续；

(2) 在开区间(a,b)内可导.

那么，在(a,b)内至少存在一点 ξ，使得

$$f'(\xi)=\frac{f(b)-f(a)}{b-a}.$$

也可以写成

$$f(b)-f(a)=f'(\xi)(b-a).$$

这就是**拉格朗日(Lagrange)中值定理**.

拉格朗日定理的几何解释如图 3-5 所示，若 $y=f(x)$ 是闭区间 $[a,b]$ 上的连续曲线弧段 $\overset{\frown}{AB}$，连接点 $A(a,f(a))$ 和点 $B(b,f(b))$ 的弦 AB 的斜率为 $\frac{f(b)-f(a)}{b-a}$，而弧段 $\overset{\frown}{AB}$ 上某点 $C(\xi,f(\xi))$ 的斜率为 $f'(\xi)$. 定理的结论表明：在曲线弧段 $\overset{\frown}{AB}$ 上至少存在一点 $C(\xi,f(\xi))$，使得曲线在点 C 处的切线与曲线的两个端点连线 AB 平行.

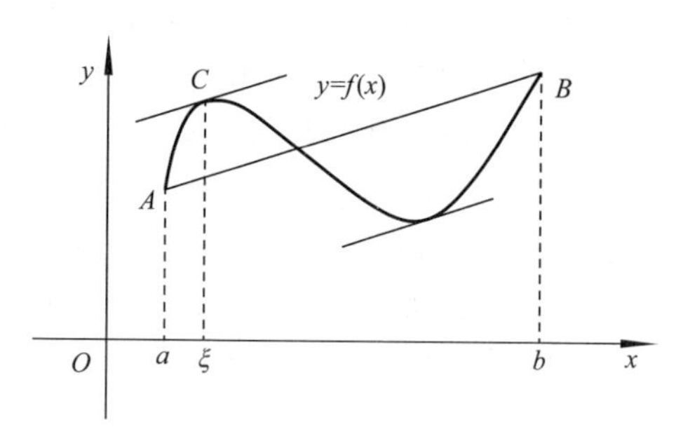

图 3-5

推论 1 如果在区间 (a,b) 内，函数 $y=f(x)$ 的导数 $f'(x)$ 恒等于零，那么在区间 (a,b) 内，函数 $y=f(x)$ 是一个常数.

推论 2 如果在区间 (a,b) 内，$f'(x)\equiv g'(x)$，则在区间 (a,b) 内，$f(x)$ 与 $g(x)$ 只相差一个常数，即 $f(x)=g(x)+C$（C 为一常数）.

在拉格朗日定理中，如果增加一个条件 $f(a)=f(b)$，那么弦 AB 平行 x 轴（见图 3-6），则 $f'(\xi)=0$. 这就是拉格朗日定理的一个特殊情况，称为罗尔(Rolle)定理.

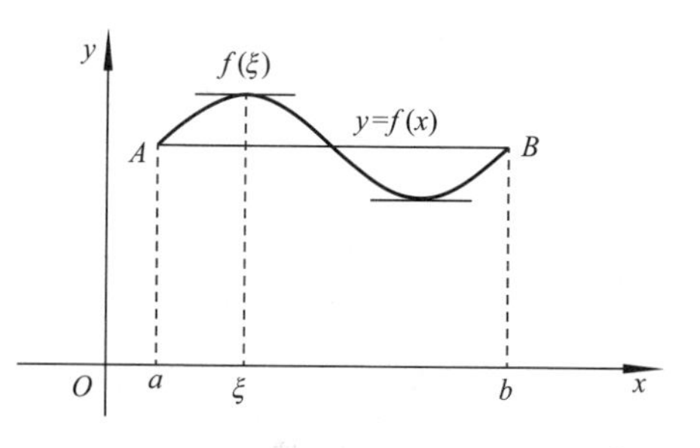

图 3-6 拉氏定理 $f(a)=f(b)$ 时示意图

定理 2 如果函数 $y=f(x)$ 满足：

(1) 在闭区间 $[a,b]$ 上连续；

(2) 在开区间 (a,b) 内可导；

(3) $f(a)=f(b)$，

那么，在 (a,b) 内，至少存在一点 ξ，使得

$$f'(\xi)=0.$$

3.5.2　函数单调性判定法

函数的单调性是函数的一个重要性态，它反映了函数在某个区间随自变量的增大而增大(或减少)的一个特征. 但是，利用单调性的定义来讨论函数的单调性往往是比较困难的. 本节利用导数符号来研究函数的单调性.

由图 3-7 可以看出，当函数 $y=f(x)$ 在 $[a,b]$ 上是单调增加时，其曲线上任一点的切线的倾斜角都是锐角，因此它们的斜率都是正的，由导数的几何意义知道，此时曲线上任一点的导数都是正值，即 $f'(x)>0$.

由图 3-8 可以看出，当函数 $y=f(x)$ 在 $[a,b]$ 上是单调减少时，其曲线上每一点的切线的倾斜角都是钝角，因此它们的斜率都是负的，此时，曲线上任一点的导数都是负值，即 $f'(x)<0$.

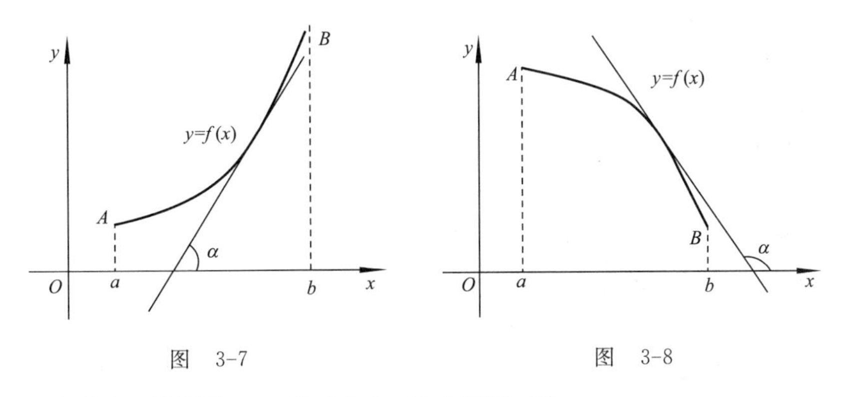

图　3-7　　　　图　3-8

定理 3　设函数 $y=f(x)$ 在 (a,b) 内可导，则

(1) 如果在 (a,b) 内 $f'(x)>0$，那么函数 $y=f(x)$ 在 (a,b) 内单调增加；

(2) 如果在 (a,b) 内 $f'(x)<0$，那么函数 $y=f(x)$ 在 (a,b) 内单调减少.

注意:在区间内个别点处导数等于零，不影响函数的单调性. 如幂函数 $y=x^3$，其导数 $y=3x^2$ 在原点处为 0，但它在其定义域 $(-\infty,+\infty)$ 内是单调增加的.

【例 1】　讨论函数 $y=\mathrm{e}^x-x-1$ 的单调性.

解　因为 $y'=\mathrm{e}^x-1$，所以当 $x<0$ 时，$y'<0$，函数 $y=\mathrm{e}^x-x-1$ 在区间 $(-\infty,0)$ 上单调减少；当 $x>0$ 时，$y'>0$，函数 $y=\mathrm{e}^x-x-1$ 在区间 $(0,+\infty)$ 上单调增加.

【例 2】　讨论函数 $f(x)=2x^3-9x^2+12x-3$ 的单调区间.

解　(1) 函数的定义域为 $(-\infty,+\infty)$.

(2) $f'(x)=6x^2-18x+12=6(x-1)(x-2)$.

(3) 令 $f'(x)=0$，得 $x=1,x=2$，它们将定义域分为三个子区间：$(-\infty,1),(1,2),(2,+\infty)$.

(4) 列表确定 $f(x)$ 的单调区间：

x	$(-\infty,1)$	1	$(1,2)$	2	$(2,+\infty)$
$f'(x)$	+	0	−	0	+
$f(x)$	↗		↘		↗

(5) 结论：函数 $f(x)$ 在区间 $(-\infty,1)$ 和 $(2,+\infty)$ 上单调增加；在区间 $(1,2)$ 上单调减少.

确定函数单调性的一般步骤：

(1) 确定函数的定义域；

(2) 求 $y'=f'(x)$；

(3) 求 $f'(x)=0$ 或 $f'(x)$ 不存在的点，然后以此作为分界点，将定义域分成若干个子区间；

(4) 列表确定每个子区间的 $f'(x)$ 的符号，从而可确定每个子区间上函数的单调性；

(5) 结论.

【例 3】 讨论函数 $f(x)=(x-1)x^{\frac{2}{3}}$ 的单调性.

解 (1) 函数的定义域为 $(-\infty,+\infty)$.

(2) $f'(x)=x^{\frac{2}{3}}+\frac{2}{3}(x-1)x^{-\frac{1}{3}}=\frac{5x-2}{3\sqrt[3]{x}}$.

(3) 令 $f'(x)=0$，得 $x=\frac{2}{5}$，显然 $x=0$ 为 $f(x)$ 的不可导点，于是 $x=0,x=\frac{2}{5}$ 将定义域分为 $(-\infty,0)$，$\left(0,\frac{2}{5}\right)$ 和 $\left(\frac{2}{5},+\infty\right)$.

(4) 列表确定 $f(x)$ 的单调区间：

x	$(-\infty,0)$	0	$\left(0,\frac{2}{5}\right)$	$\frac{2}{5}$	$\left(\frac{2}{5},+\infty\right)$
$f'(x)$	+	不存在	−	0	+
$f(x)$	↗		↘		↗

(5) 结论：函数 $f(x)$ 在区间 $(-\infty,0)$ 和 $\left(\frac{2}{5},+\infty\right)$ 上单调增加；在区间 $\left(0,\frac{2}{5}\right)$ 上单调减少.

习题 3.5

求下列函数的单调区间：

(1) $y=2x^3-6x^2-18x-7$；　　(2) $y=x-e^x$；

(3) $y=3x-x^3$；　　(4) $y=e^{-x^2}$.

3.6　函数的极值与最值

3.6.1　极值的概念

如图3-9所示，函数在点 x_1、x_3 的函数值比它左右近旁的函数值都大，而在点 x_2、x_4 的函数值比它左右近旁的函数值都小，对于这种特殊的点和它对应的函数值，我们给出如下定义：

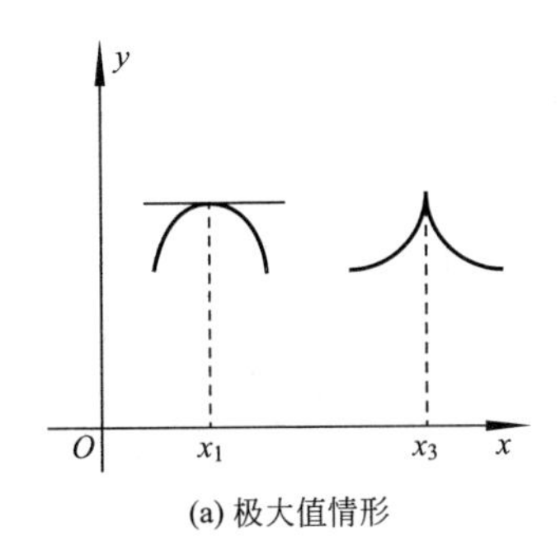

(a) 极大值情形

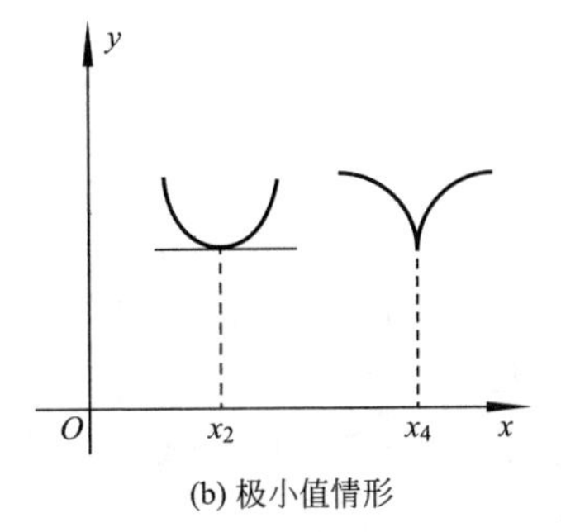

(b) 极小值情形

图　3-9

定义1　设函数 $f(x)$ 在区间 (a,b) 内有定义，x_0 是 (a,b) 内的一个点.

(1) 如果对于点 x_0 近旁的任一点 $x(x\neq x_0)$，都有 $f(x)<f(x_0)$，那么称 $f(x_0)$ 为函数 $f(x)$ 的一个极大值，点 x_0 称为 $f(x)$ 的一个极大值点.

(2) 如果对于点 x_0 近旁的任一点 $x(x\neq x_0)$，都有 $f(x)>f(x_0)$，那么称 $f(x_0)$ 为函数 $f(x)$ 的一个极小值，点 x_0 称为 $f(x)$ 的一个极小值点.

函数的极大值与极小值统称为函数的极值，极大值点与极小值点统称为函数的极值点.

注意：(1) 极值只是一个局部概念，它仅是与极值点邻近的函数值比较而言较大或较小的，而不是在整个区间上的最大值或最小值. 函数的极值点一定出现在区间的内部，在区间的端点处不能取得极值；

(2) 函数的极大值与极小值可能有很多个，极大值不一定大于极小值，极小值也不一定小于极大值；

（3）函数的极值可能在导数不存在的点处取得.

如图 3-9 中的 x_1 和 x_3 是函数 $f(x)$的极大值点，$f(x_1)$和 $f(x_3)$是函数 $f(x)$的极大值；x_2 和 x_4 是函数 $f(x)$的极小值点，$f(x_2)$和 $f(x_4)$是函数 $f(x)$的极小值.

从图 3-10 可以看出，曲线在点 x_1、x_2、x_3、x_4 取得极值处的切线都是水平的，即在极值点处函数 $f(x)$的导数等于零. 对此，我们给出函数存在极值的必要条件：

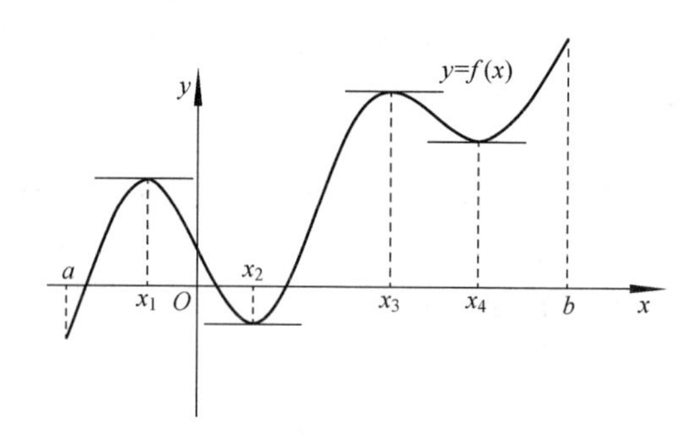

图 3-10

定理 1 如果函数 $f(x)$在点 x_0 处可导且取得极值，那么 $f'(x_0)=0$.

使得函数 $f(x)$的导数等于零的点（即方程 $f'(x)=0$ 的实根），称为函数 $f(x)$的**驻点**.

定理 1 说明，可导函数的极值点必定是它的驻点，但是，函数的驻点不一定是它的极值点. 例如点 $x=0$ 是函数 $y=x^3$ 的驻点，但不是极值点. 所以定理 1 还不能解决所有求函数极值的问题. 但是，定理 1 提供了寻求可导函数极值点的范围，即从驻点中去寻找. 还要指出连续但不可导点也可能是其极值点，如 $f(x)=|x|$，在 $x=0$ 处连续，但不可导，而 $x=0$ 是该函数的极小值点.

判断驻点是否是极值点，我们有如下定理：

定理 2 设函数 $f(x)$在点 x_0 的左右近旁可导，且 $f'(x_0)=0$.

（1）如果当 $x<x_0$ 时，$f'(x)>0$；当 $x>x_0$ 时，$f'(x)<0$. 那么 x_0 是极大值点，$f(x_0)$是函数 $f(x)$的极大值.

（2）如果当 $x<x_0$ 时，$f'(x)<0$；当 $x>x_0$ 时，$f'(x)>0$，那么 x_0 是极小值点，$f(x_0)$是函数 $f(x)$的极小值.

（3）如果在点 x_0 的左右两侧，$f'(x)$同号，那么 x_0 不是极值点，函数 $f(x)$在点 x_0 处没有极值.

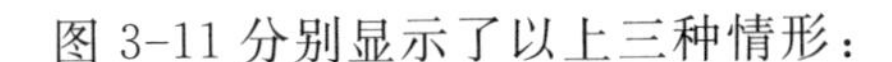
图 3-11 分别显示了以上三种情形：

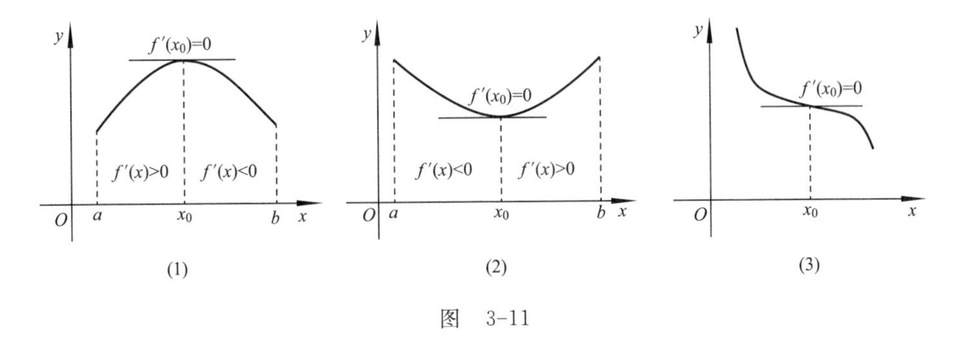

图　3-11

根据上面的定理，可得到求函数 $f(x)$ 极值的步骤如下：

(1) 求出函数的定义域；

(2) 求出函数的导数 $f'(x)$；

(3) 令 $f'(x)=0$，求出函数 $f(x)$ 在定义域内的全部驻点；

(4) 用所有驻点和导数不存在的点把定义域分成若干个子区间，列表考察每个子区间内 $f'(x)$ 的符号，确定极值点；

(5) 求出各极值点处的函数值，即得函数 $f(x)$ 的全部极值.

【例 1】 求函数 $f(x)=x^3-x^2-x+1$ 的极值.

解　(1) 函数 $f(x)$ 的定义域为 $(-\infty,+\infty)$；

(2) $f'(x)=3x^2-2x-1=(3x+1)(x-1)$；

(3) 令 $f'(x)=0$，得驻点：

$$x_1=-\frac{1}{3},\quad x_2=1;$$

(4) 列表考察：

x	$\left(-\infty,-\frac{1}{3}\right)$	$-\frac{1}{3}$	$\left(-\frac{1}{3},1\right)$	1	$(1,+\infty)$
$f'(x)$	+	0	−	0	+
$f(x)$	↗	极大值 $\frac{32}{27}$	↘	极小值 0	↗

所以，函数 $f(x)$ 的极大值为 $f\left(-\frac{1}{3}\right)=\frac{32}{27}$，极小值为 $f(1)=0$.

【例 2】 求函数 $f(x)=(x^2-1)^3+1$ 的极值.

解　(1) 函数 $f(x)$ 的定义域为 $(-\infty,+\infty)$；

(2) $f'(x)=3(x^2-1)^2 2x=6x(x+1)^2(x-1)^2$;

(3) 令 $f'(x)=0$,得驻点

$$x_1=-1,\quad x_2=0,\quad x_3=1;$$

(4) 列表考察:

x	$(-\infty,-1)$	-1	$(-1,0)$	0	$(0,1)$	1	$(1,+\infty)$
$f'(x)$	$-$	0	$-$	0	$+$	0	$+$
$f(x)$	↘		↘	极小值 0	↗		↗

由上表可知,函数 $f(x)$的极小值为 $f(0)=0$,驻点 $x_1=-1$,$x_3=1$ 不是极值点.

【例 3】 求函数 $f(x)=1-(x-2)^{\frac{2}{3}}$的极值.

解 (1) 函数 $f(x)$的定义域为$(-\infty,+\infty)$;

(2) $f'(x)=-\dfrac{2}{3}(x-2)^{-\frac{1}{3}}=-\dfrac{2}{3\sqrt[3]{x-2}}$;

(3) 函数无驻点,当 $x=2$ 时,$f'(x)$不存在;

(4) 列表考察:

x	$(-\infty,2)$	2	$(2,+\infty)$
$f'(x)$	$+$	不存在	$-$
$f(x)$	↗	极大值为 1	↘

所以,函数 $f(x)$的极大值为 $f(2)=1$.

3.6.2 函数的最大值与最小值

在生产实践中,常会遇到一类“最大”“最小”“最省”等问题,例如厂家生产一种圆柱形杯子,就要考虑在一定条件下,杯子的直径和高取多大时用料最省;又如在销售某种商品时,在成本固定的情况下,怎样确定零售价,才能使商品售出最多,获得最大利润等.这类问题在数学上称为最大值、最小值问题,简称最值问题.

如何求最大值、最小值问题呢?

设函数 $y=f(x)$在闭区间$[a,b]$上连续,由闭区间上连续函数的性质知道,函数 $y=f(x)$在闭区间$[a,b]$上一定有最大值与最小值.最大值与最小值可能取在区间内部,也可能取在区间的端点处,如果取在区间内部,那么,它们一定取在函数的驻点处或者导数不存在的点处.

函数的极值是局部概念，在一个区间内可能有很多个极值，但函数的最值是整体概念，在一个区间上只有一个最大值和一个最小值.

由以上分析知，求函数在闭区间$[a,b]$上的最大值与最小值的步骤为：

(1) 求出 $f(x)$在区间(a,b)内的所有驻点、导数不存在的点，并计算各点的函数值；

(2) 求出端点处的函数值 $f(a)$和 $f(b)$；

(3) 比较以上所有函数值，其中最大的就是函数在$[a,b]$上的最大值，最小的就是函数在$[a,b]$上的最小值.

【例 4】 求函数 $f(x)=2x^3+3x^2-12x+14$ 在区间$[-3,4]$上的最大值与最小值.

解 (1) $f'(x)=6x^2+6x-12=6(x+2)(x-1)$，
令 $f'(x)=0$，得函数 $f(x)$定义域内的驻点为

$$x_1=-2, \quad x_2=1,$$

其函数值分别为

$$f(-2)=34, \quad f(1)=7.$$

(2) 在区间$[-3,4]$端点处的函数值分别为

$$f(-3)=23, \quad f(4)=142;$$

(3) 比较以上各函数值，可以得到，函数 $f(x)$在区间$[-3,4]$上的最大值为 $f(4)=142$，最小值为 $f(1)=7$.

在实际问题中，如果函数 $f(x)$在某开区间内只有一个驻点 x_0，而且从实际问题本身又可以知道 $f(x)$在该区间内必定有最大值或最小值，那么 $f(x_0)$就是所要求的最大值或最小值.

【例 5】 把边长为 a cm 的正方形纸板的四个角剪去四个相等的小正方形(图 3-12(a))，折成一个无盖的盒子(图 3-12(b))，问怎样做才能使盒子的容积最大？

解 设剪去的小正方形的边长为 x，则盒子的容积为

$$V=x(a-2x)^2 \quad \left(0<x<\frac{a}{2}\right),$$

求导数，得

$$V'=(a-2x)^2-4x(a-2x)=(a-2x)(a-6x),$$

令 $V'=0$，得驻点 $x=\frac{a}{6}$，$x=\frac{a}{2}$，其中 $x=\frac{a}{2}$不合题意，故在区间$\left(0,\frac{a}{2}\right)$内只有一个驻点

$$x=\frac{a}{6},$$

而所做的纸盒一定有最大容积,因此,当四角剪去边长为$\frac{a}{6}$ cm的小正方形时,做成的纸盒的容积最大.

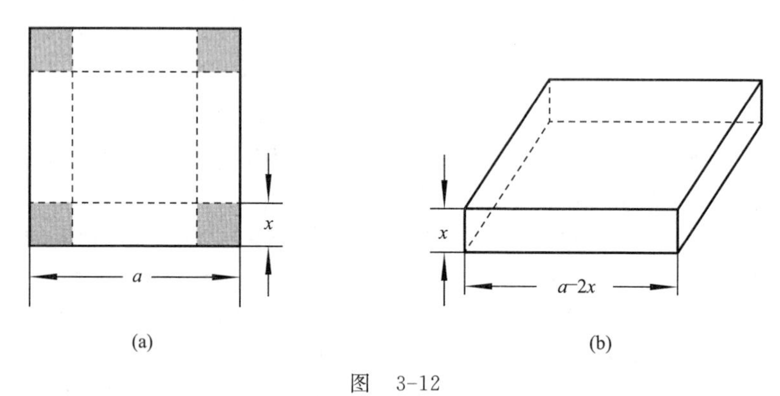

图 3-12

【例 6】 如图 3-13 所示,铁路线上 AB 段的距离为 100 km .工厂 C 距 A 处为 20 km ,AC 垂直于 AB .为了运输需要,要在 AB 线上选定一点 D 向工厂修筑一条公路.已知铁路每公里货运的运费与公路上每公里货运的运费之比为 3∶5 .为了使货物从供应站 B 运到工厂 C 的运费最省,问 D 点应选在何处?

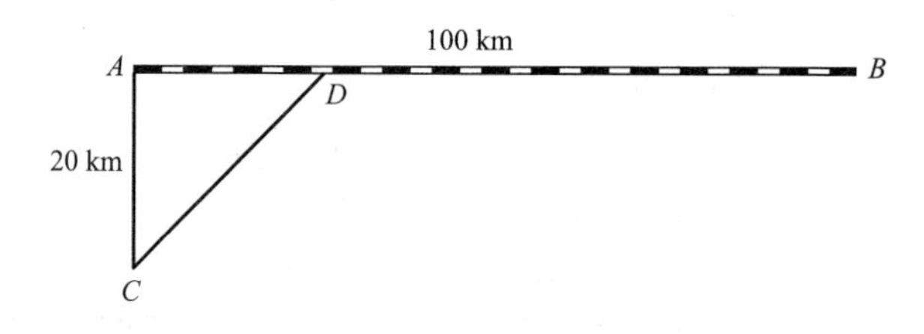

图 3-13

解 设 $AD=x$(km),则 $DB=(100-x)$(km),$CD=\sqrt{20^2+x^2}=\sqrt{400+x^2}$(km).

再设从 B 点到 C 点需要的总运费为 y ,那么

$$y=5k\cdot CD+3k\cdot DB \quad (k\text{ 是某个正数}),$$

即

$$y=5k\sqrt{400+x^2}+3k(100-x) \quad (0\leqslant x\leqslant 100).$$

于是问题归结为:x 在$[0,100]$内取何值时目标函数 y 的值最小.

先求 y 对 x 的导数:

$$y'=k\left(\frac{5x}{\sqrt{400+x^2}}-3\right).$$

解方程 $y'=0$ 得 $x=\pm 15$，只有 $x=15$ 满足 $0\leqslant x\leqslant 100$. 依题意，必存在极小值，因此当 $AD=x=15(\text{km})$ 时总运费最省.

习题 3.6

1. 求下列函数的极值点和极值：

(1) $f(x)=\frac{1}{3}x^3-x^2-3x+3$；　(2) $f(x)=x^4-2x^2+7$；

(3) $f(x)=x^3-9x^2+15x+3$；　(4) $f(x)=x+\sqrt{1-x}$.

2. 求下列函数在给定区间上的最大值与最小值：

(1) $f(x)=x^3-6x^2+9x-4$，$[0,3]$；

(2) $f(x)=x+\sqrt{x}$，$[0,4]$；

(3) $f(x)=x^2-4x+6$，$[-3,10]$.

3. 要制造一个容积为 V 的圆柱形容器（无盖），问底半径和高分别为多少时用料最省？

应用实践项目三

项目 1　易拉罐尺寸的优化设计

我们只要稍加留意就会发现销量很大的饮料（例如饮料量为 335 毫升的可口可乐、青岛啤酒等）的饮料罐（即易拉罐）的形状和尺寸几乎都是一样的. 看来，这并非偶然，这应该是某种意义下的最优设计. 当然，对于单个的易拉罐来说，这种最优设计可以节省的钱可能是很有限的，但是，如果是生产几亿，甚至几十亿个易拉罐的话，可以节约的钱就很可观了.

(1) 假设易拉罐是一个正圆柱体且底面和侧面的厚度相同，什么是它的最优设计？

(2) 如果易拉罐是一个正圆柱体，但底面和侧面厚度不同（例如底面厚度是侧面厚度的 3 倍），如何设计最优？

项目 2　旅行社的利润问题

旅行社为某旅游团包飞机去旅游，其中旅行社的包机费为 20 000 元，旅游团中每人的飞机票按以下方式与旅行社结算：某旅游团的人数在 40 人或 40 人以下，飞机票每张收费 1 200 元；若旅游团的人数多于 40 人，则给予优惠，每多 1 个人，每张机票减少 10 元，旅游团的人数最多有 80 人.

(1) 写出每张机票价格与旅游团人数的函数关系式.

(2) 写出旅行社利润和旅游团人数的函数关系式.

(3) 旅游团的人数为多少时,旅行社可获得的利润最大?

项目3　输油管道的铺设问题

用输油管把离岸12 km的一座海上油井和沿岸往下20 km处的炼油厂连接起来(如图3-14所示). 如果水下输油管的铺设成本为5 000万元/km,而陆地输油管的铺设成本为4 000万元/km.

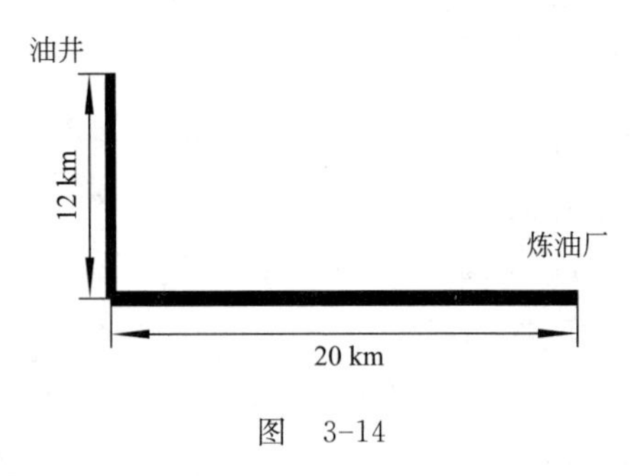

图　3-14

(1) 如果采用水下输油管道最短的铺设方案,成本为多少?

(2) 如果采用路程最短铺设方案,成本为多少?

(3) 有某有更佳的铺设方案,如果没有,请说明理由。如果有,请给出最佳铺设方案.

项目4　海报尺寸设计问题

现在要求设计一张竖向张贴的海报,

(1) 若海报为单栏,印刷面积为128 dm^2,上下空白各2 dm,两边空白各1 dm,如何确定海报尺寸可使四周空白面积为最小?

(2) 若海报改为左右两栏,印刷面积增加到180 dm^2,要求四周留下空白宽2 dm,还要留下1 dm宽的竖直中缝,如何设计海报尺寸可使它的总空白面积最小?

第4章　一元函数积分学

一元函数积分学是微积分的另一个重要组成部分,其内容主要包括不定积分与定积分.积分学与微分学是事物相辅相成的两个方面,在这一章里我们可以了解它们的内在联系,学习不定积分和定积分的计算方法.

4.1　不定积分的概念、性质和基本公式

4.1.1　不定积分的概念

1. 原函数

微分学中研究的一个基本问题是:求一个已知函数的导数.在实际问题中还常常会遇到相反的问题,即已知函数的导数,要求原来的函数,这就形成了"原函数"的概念.

定义1　设函数 $F(x)$ 与 $f(x)$ 在区间 D 上都有定义,并且对区间 D 上的任一点 x 都有

$$F'(x)=f(x) \quad \text{或} \quad \mathrm{d}F(x)=f(x)\mathrm{d}x,$$

则称 $F(x)$ 为 $f(x)$ 在区间 D 上的一个原函数.

因为 $\left(\frac{1}{3}x^3\right)'=x^2, x\in(-\infty,+\infty)$,所以 $\frac{1}{3}x^3$ 是 x^2 在 $(-\infty,+\infty)$ 上的一个原函数;又因为 $\left(\frac{1}{3}x^3+1\right)'=x^2$,$\left(\frac{1}{3}x^3+\sqrt{2}\right)'=x^2$,$\left(\frac{1}{3}x^3+\frac{1}{2}\right)'=x^2$,…,$\left(\frac{1}{3}x^3+C\right)'=x^2$($C$ 为任意常数),所以 $\frac{1}{3}x^3+1$,$\frac{1}{3}x^3+\sqrt{2}$,$\frac{1}{3}x^3+\frac{1}{2}$,…,$\frac{1}{3}x^3+C$ 等,都是 x^2 的原函数.

可以看出:如果某函数有一个原函数,那么它就有无限多个原函数,并且其中任意两个原函数之间只差一个常数.因此,对一般情况有如下定理.

定理1(原函数存在定理)　如果函数 $f(x)$ 在区间 I 上连续,则 $f(x)$ 在区间 I 上一定有原函数,即存在区间 I 上的可导函数 $F(x)$,使得对任一

$x \in I$，有 $F'(x) = f(x)$.（证明从略）

注 1 如果 $f(x)$ 有一个原函数，则 $f(x)$ 就有无穷多个原函数.

设 $F(x)$ 是 $f(x)$ 的原函数，则 $[F(x)+C]' = f(x)$，即 $F(x)+C$ 也为 $f(x)$ 的原函数，其中 C 为任意常数.

注 2 如果 $F(x)$ 与 $G(x)$ 都为 $f(x)$ 在区间 I 上的原函数，则 $F(x)$ 与 $G(x)$ 之差为常数，即

$$F(x) - G(x) = C \quad (C \text{ 为常数}).$$

2. 不定积分

定义 2 函数 $f(x)$ 在区间 D 上的全体原函数称为 $f(x)$ 在 D 上的不定积分，记作

$$\int f(x)\mathrm{d}x$$

其中，称"$\int$"为积分号，$f(x)$ 为被积函数，$f(x)\mathrm{d}x$ 为被积表达式，x 为积分变量.

由定义 2 可知，若 $F(x)$ 为 $f(x)$ 在区间 D 上的一个原函数，则 $f(x)$ 在 D 上的不定积分是原函数族 $F(x)+C$，其中 C 为任意常数. 即

$$\int f(x)\mathrm{d}x = F(x) + C.$$

这时，又称 C 为积分常数，它可取一切实数值.

【例 1】 求 $\int \sin x\mathrm{d}x$.

解 由于 $$(-\cos x)' = \sin x,$$
所以 $-\cos x$ 是 $\sin x$ 的一个原函数. 因此

$$\int \sin x\mathrm{d}x = -\cos x + C.$$

【例 2】 求 $\int 3x^2\mathrm{d}x$.

解 由于 $$(x^3)' = 3x^2,$$
所以 x^3 是 $3x^2$ 的一个原函数. 因此

$$\int 3x^2\mathrm{d}x = x^3 + C.$$

【例 3】 设曲线过点 $(1,2)$，且其上任一点的斜率为该点横坐标的两倍，求曲线的方程.

解 设曲线方程为 $y = f(x)$，其上任一点 (x,y) 处切线的斜率为

$$\frac{\mathrm{d}y}{\mathrm{d}x} = 2x,$$

从而

$$y=\int 2x\mathrm{d}x=x^2+C,$$

由 $y(1)=2$，得 $C=1$，因此所求曲线方程为

$$y=x^2+1.$$

不定积分的几何意义：若 $F(x)$ 是 $f(x)$ 的一个原函数，则称 $y=F(x)$ 的图像为 $f(x)$ 的一条积分曲线. 于是，函数 $f(x)$ 的不定积分在几何上表示 $f(x)$ 的某一条积分曲线沿纵轴方向任意平移所得一切积分曲线组成的曲线族. 显然，若在每一条积分曲线上横坐标相同的点处作切线，则这些切线都是互相平行的(见图 4-1).

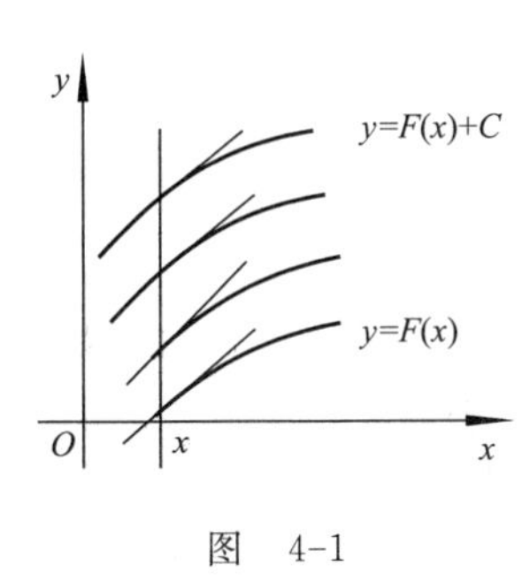

图　4-1

4.1.2　不定积分的性质

性质 1　$\left(\int f(x)\mathrm{d}x\right)'=f(x)$　或　$\mathrm{d}\int f(x)\mathrm{d}x=f(x)\mathrm{d}x.$

即不定积分的导数(或微分)等于被积函数(或被积表达式).

事实上，由性质 1 得

$$\left(\int f(x)\mathrm{d}x\right)'=(F(x)+C)'=f(x).$$

性质 2　$\int F'(x)\mathrm{d}x=F(x)+C$　或　$\int \mathrm{d}F(x)=F(x)+C.$

即函数 $F(x)$ 的导数(或微分)的不定积分等于原函数族 $F(x)+C$.

例如：$\left(\int \sin x\mathrm{d}x\right)'=\sin x$，$\left(\int \mathrm{e}^x\mathrm{d}x\right)'=\mathrm{e}^x$，$\int \mathrm{d}\sin x=\sin x+C$，$\int \mathrm{d}\mathrm{e}^x=\mathrm{e}^x+C$.

因此，“求不定积分”和“求导数”或“求微分”互为逆运算.

4.1.3 不定积分基本公式

由于积分运算是导数(或微分)运算的逆运算,因此,可以从导数的基本公式得出相应的积分基本公式,现将其列表对照(见表 4-1).

表 4-1

序号	$F'(x)=f(x)$	$\int f(x)\mathrm{d}x=F(x)+C$
1	$(x)'=1$	$\int \mathrm{d}x=x+C$
2	$\left(\frac{x^{\alpha+1}}{\alpha+1}\right)'=x^{\alpha}\quad(\alpha\neq-1)$	$\int x^{\alpha}\mathrm{d}x=\frac{x^{\alpha+1}}{\alpha+1}+C\quad(\alpha\neq-1)$
3	$(\ln\lvert x\rvert)'=\frac{1}{x}\quad(x\neq 0)$	$\int\frac{1}{x}\mathrm{d}x=\ln\lvert x\rvert+C\quad(x\neq 0)$
4	$\left(\frac{a^x}{\ln a}\right)'=a^x\quad(a>0,a\neq 1)$	$\int a^x\mathrm{d}x=\frac{a^x}{\ln a}+C\quad(a>0,a\neq 1)$
5	$(\mathrm{e}^x)'=\mathrm{e}^x$	$\int\mathrm{e}^x\mathrm{d}x=\mathrm{e}^x+C$
6	$(\sin x)'=\cos x$	$\int\cos x\mathrm{d}x=\sin x+C$
7	$(-\cos x)'=\sin x$	$\int\sin x\mathrm{d}x=-\cos x+C$
8	$(\tan x)'=\sec^2 x$	$\int\sec^2 x\mathrm{d}x=\tan x+C$
9	$(-\cot x)'=\csc^2 x$	$\int\csc^2 x\mathrm{d}x=-\cot x+C$

这些积分的基本公式,应该牢牢记住,许多不定积分最后往往归结为求这些初等函数的不定积分.

【例 4】 求下列不定积分:

(1) $\int\frac{1}{x^2}\mathrm{d}x$; (2) $\int x\sqrt{x}\mathrm{d}x$; (3) $\int 2^x\mathrm{d}x$.

解 (1) $\int\frac{1}{x^2}\mathrm{d}x=\int x^{-2}\mathrm{d}x=\frac{x^{-2+1}}{-2+1}+C=-\frac{1}{x}+C$;

(2) $\int x\sqrt{x}\mathrm{d}x=\int x^{\frac{3}{2}}\mathrm{d}x=\frac{x^{\frac{3}{2}+1}}{\frac{3}{2}+1}+C=\frac{2}{5}x^{\frac{5}{2}}+C$;

(3) $\int 2^x\mathrm{d}x=\frac{1}{\ln 2}2^x+C$.

阅读材料

从哲学角度认识极限法

极限法在现代数学乃至物理、工程等学科中有着广泛的应用，这是由它本身固有的思维功能所决定的. 极限法揭示了“变量”与“常量”、“有限”与“无限”的对立统一关系.

1. “有限”与“无限”有本质的区别，但两者又有联系：“无限”是“有限”的发展，无限个数的和不是一般的代数和，而是把它定义为“部分和”的极限，这是借助极限法，从“有限”认识“无限”.

2. “变”与“不变”反映了事物运动变化与相对静止两种不同状态，但它们在一定条件下可以相互转化，这种转化是“数学科学的有力杠杆之一”. 例如，变速直线运动的瞬时速度无法用初等方法解决，困难在于求解时速度是变量. 为此，人们先在小范围内用匀速代替变速，求平均速度，然后把瞬时速度定义为平均速度的极限，这也是借助极限法，从“不变”认识“变”.

3. “量变”和“质变”既有区别又有联系，两者之间有着辩证关系. “量变”能引起“质变”，“质”和“量”的互变规律是辩证法的基本规律之一，在数学研究工作中起重要作用. 例如，对于任何一个圆内接正多边形来说，当它边数加倍后，得到的还是内接正多边形，是量变，不是质变. 但是，不断地让边数加倍，经过无限过程后，多边形就“变”成圆，多边形面积“转化”为圆面积，这仍是借助极限法，从“量变”认识“质变”.

4. “近似”与“精确”是对立统一关系，两者在一定条件下也可以相互转化，这种转化是数学应用于实际计算的诀窍. 前面所讲到的“部分和”“平均速度”“圆内接正多边形面积”，依次是相应的无穷级数和、瞬时速度、圆面积的近似值，取极限后就可得到相应的精确值，这些都借助了极限法，从“近似”认识“精确”的例子.

习　题　4.1

1. 判断下列各式的正确性：

(1) $\int x^3\mathrm{d}x = x^4 + C$；　　(2) $\int x\mathrm{d}x = \frac{1}{2}x^2$；

(3) $\int \frac{1}{x}\mathrm{d}x = \ln x + C \quad (x > 0)$；

(4) $\int \frac{1}{x}\mathrm{d}x = \ln(-x) + C \quad (x < 0)$.

2. 求下列各式的结果：

(1) $\int (x\tan x)'\mathrm{d}x$；　　(2) $\mathrm{d}\int \frac{1}{\sqrt{x}}\mathrm{d}x$；

(3) $\left(\int (\sin x + \cos x)\mathrm{d}x\right)'$；　　(4) $\int \mathrm{d}(\mathrm{e}^x \sin x)$.

3. 求下列不定积分：

(1) $\int \frac{1}{x^3}\mathrm{d}x$；　　(2) $\int \frac{1}{x^2\sqrt{x}}\mathrm{d}x$.

4. 已知某曲线上任意一点 (x,y) 处切线的斜率为 $2x$，且曲线过点 $M(0,1)$，求此曲线的方程.

5. 设物体的运动速度为 $v = 3t^2 + \cos t$，当 $t = \pi$ 时，物体经过的路程为 $s = 10$，求物体的运动规律.

4.2 不定积分的运算法则和积分法

4.2.1 不定积分的基本运算法则

法则 1 若函数 $f(x)$ 在区间 D 上的原函数存在，k 为不等于零的实数，则函数 $kf(x)$ 在区间 D 上的原函数也存在，且

$$\int kf(x)\mathrm{d}x = k\int f(x)\mathrm{d}x \quad (k \neq 0).$$

法则 2 若函数 $f(x)$ 和 $g(x)$ 在区间 D 上的原函数都存在，则 $f(x) \pm g(x)$ 在区间 D 上的原函数也存在，且

$$\int [f(x) \pm g(x)]\mathrm{d}x = \int f(x)\mathrm{d}x \pm \int g(x)\mathrm{d}x.$$

这个法则可推广到有限多个函数的情形，即 n 个函数代数和的不定积分等于这 n 个函数不定积分的代数和.

【例 1】 求下列不定积分：

(1) $\int \left(2\mathrm{e}^x - 3x^2 - \frac{2}{x}\right)\mathrm{d}x$；　(2) $\int (5\sin x - 3^x + \sqrt[3]{x})\mathrm{d}x$.

解 (1) $\int \left(2\mathrm{e}^x - 3x^2 - \frac{2}{x}\right)\mathrm{d}x = \int 2\mathrm{e}^x\mathrm{d}x - \int 3x^2\mathrm{d}x - \int \frac{2}{x}\mathrm{d}x$

$$= 2\int e^x dx - x^3 - 2\int \frac{1}{x}dx$$
$$= 2e^x - x^3 - 2\ln|x| + C.$$

(2) $\int (5\sin x - 3^x + \sqrt[3]{x})dx = \int 5\sin x dx - \int 3^x dx + \int x^{\frac{1}{3}} dx$

$$= -5\cos x - \frac{1}{\ln 3}3^x + \frac{3}{4}x^{\frac{4}{3}} + C.$$

4.2.2 直接积分法

在求积分问题中，直接应用积分基本公式和基本运算法则，或对被积函数经过适当的恒等变形，再利用积分的基本运算法则和基本公式求出结果，这样的积分方法称为**直接积分法**.

【例 2】 求 $\int \frac{(x-1)^3}{x^2}dx$.

解 $\int \frac{(x-1)^3}{x^2}dx = \int \left(\frac{x^3 - 3x^2 + 3x - 1}{x^2}\right)dx$

$$= \int x dx - 3\int dx + 3\int \frac{1}{x}dx - \int \frac{1}{x^2}dx$$
$$= \frac{1}{2}x^2 - 3x + 3\ln|x| + \frac{1}{x} + C.$$

在进行不定积分计算时，有时需要把被积函数做适当的变形，再利用基本公式及不定积分的性质进行积分.

【例 3】 求 $\int \cos^2 \frac{x}{2}dx$.

解 $\int \cos^2 \frac{x}{2}dx = \int \frac{1+\cos x}{2}dx = \frac{1}{2}\left(\int dx + \int \cos x dx\right)$

$$= \frac{1}{2}(x + \sin x) + C.$$

4.2.3 换元积分法

利用不定积分的直接积分法所能计算的积分是十分有限的，因此，有必要进一步研究不定积分的求法. 最常用的积分方法是**换元积分法**，简称**换元法**.

换元积分法就是通过适当的变量替换，使所求积分在新变量下具有积分基本公式的形式，或用直接积分法求解.

1. 第一换元积分法(凑微分法)

【例 4】 求 $\int \cos 2x dx$.

分析 因为被积函数 $\cos 2x$ 是一个复合函数,基本积分公式中没有这样的公式,所以不能直接应用公式

$$\int \cos x \mathrm{d}x = \sin x + C.$$

解 因为函数 $f(x) = \sin 2x$ 是由 $f(u) = \sin u$ 和 $u = 2x$ 复合成的,所以

$$\int \cos 2x \mathrm{d}x = \frac{1}{2}\int \cos 2x \cdot 2\mathrm{d}x \xlongequal{\text{凑微分}} \frac{1}{2}\int \cos 2x \mathrm{d}(2x)$$

$$\xlongequal{\text{令 } 2x = u} \frac{1}{2}\int \cos u \mathrm{d}u = \frac{1}{2}\sin u + C$$

$$\xlongequal{\text{回代 } u = 2x} \frac{1}{2}\sin 2x + C.$$

例 4 的解法特点是引入新变量 $u = 2x$,从而将原积分化为积分变量为 u 的积分,再用积分基本公式求解.

一般地,若不定积分的被积表达式能写成

$$\int f(\varphi(x))\varphi'(x)\mathrm{d}x = \int f(\varphi(x))\mathrm{d}\varphi(x)$$

的形式,如果令 $\varphi(x) = u$ 后,积分 $\int f(u)\mathrm{d}u$ 容易求出,那么可以按下述方法计算积分:

$$\int f(\varphi(x))\varphi'(x)\mathrm{d}x \xlongequal{\text{凑微分}} \int f(\varphi(x))\mathrm{d}\varphi(x)$$

$$\xlongequal{\text{令 } \varphi(x) = u} \int f(u)\mathrm{d}u = F(u) + C$$

$$\xlongequal{\text{回代 } u = \varphi(x)} F(\varphi(x)) + C.$$

这种积分方法称为**第一换元积分法**,也称为**凑微分法**.

【例 5】 求 $\int (2x+1)^{10}\mathrm{d}x$.

解 因为 $\mathrm{d}x = \frac{1}{2}\mathrm{d}(2x+1)$,所以

$$\int (2x+1)^{10}\mathrm{d}x = \frac{1}{2}\int (2x+1)^{10}\mathrm{d}(2x+1) \xlongequal{\text{令 } 2x+1 = u} \frac{1}{2}\int u^{10}\mathrm{d}u$$

$$= \frac{1}{22}u^{11} + C \xlongequal{\text{回代 } u = 2x+1} \frac{1}{22}(2x+1)^{11} + C.$$

【例 6】 求 $\int \sin 3x \mathrm{d}x$.

解 因为 $\mathrm{d}(3x) = 3\mathrm{d}x$,所以

$$\int \sin 3x \mathrm{d}x = \frac{1}{3}\int \sin 3x \mathrm{d}(3x) \xlongequal{\text{令 } 3x = u} \frac{1}{3}\int \sin u \mathrm{d}u$$

$$=-\frac{1}{3}\cos u+C\xlongequal{\text{回代 } u=3x}-\frac{1}{3}\cos 3x+C.$$

【例 7】 求 $\int x\mathrm{e}^{x^2}\mathrm{d}x$.

解 因为 $x\mathrm{d}x=\frac{1}{2}\mathrm{d}x^2$，所以

$$\int x\mathrm{e}^{x^2}\mathrm{d}x=\frac{1}{2}\int\mathrm{e}^{x^2}\mathrm{d}x^2\xlongequal{\text{令 } x^2=u}\frac{1}{2}\int\mathrm{e}^u\mathrm{d}u$$
$$=\frac{1}{2}\mathrm{e}^u+C\xlongequal{\text{令 } u=x^2}\frac{1}{2}\mathrm{e}^{x^2}+C.$$

【例 8】 求 $\int\frac{\ln x}{x}\mathrm{d}x\quad(x>0)$.

解 因为 $\frac{1}{x}\mathrm{d}x=\mathrm{d}(\ln x)$，所以

$$\int\frac{\ln x}{x}\mathrm{d}x=\int\ln x\mathrm{d}(\ln x)\xlongequal{\text{令 } \ln x=u}\int u\mathrm{d}u=\frac{1}{2}u^2+C$$
$$\xlongequal{\text{回代 } u=\ln x}\frac{1}{2}\ln^2x+C.$$

利用凑微分法求不定积分需要一定的技巧，而且往往要作多次尝试，初学者不要怕失败，应注意总结规律性的技巧，当运算熟练以后，变量代换 $\varphi(x)=u$ 和回代这两个步骤，可省略不写，直接按

$$\int f(\varphi(x))\varphi'(x)\mathrm{d}x=\int f(\varphi(x))\mathrm{d}\varphi(x)=F(\varphi(x))+C$$

得出结果.

2. 第二换元积分法

在第一换元积分法中，是用新变量 u 替换被积函数中的可微函数 $\varphi(x)$，从而使不定积分容易计算. 但对于某些被积函数，例如积分 $\int\frac{\mathrm{d}x}{1+\sqrt{x-1}}$，则不能解决问题. 若引入新变量 $t=\sqrt{x-1}$，则可以简化积分计算，从而求出结果，这种求积分的方法就是第二换元积分法.

一般地，如果 $\int f(x)\mathrm{d}x$ 不易计算，可设 $x=\varphi(t)$，将 $\int f(x)\mathrm{d}x$ 化为

$$\int f(\varphi(t))\varphi'(t)\mathrm{d}t.$$

当这种形式的积分容易计算时，只要将积分结果中的 t 换回到 x，便可得到所要求的不定积分. 这一积分方法称为**第二换元积分法**，其步骤如下：

$$\int f(x)\mathrm{d}x\xlongequal{\text{令 } x=\varphi(t)}\int f(\varphi(t))\varphi'(t)\mathrm{d}t=F(t)+C$$

$$\xlongequal{\text{回代 } t=\varphi^{-1}(x)} F(\varphi^{-1}(x))+C.$$

使用第二换元积分法时应注意：

(1) 函数 $x=\varphi(t)$ 有连续导数，且 $\varphi'(t)\neq 0$；

(2) 函数 $x=\varphi(t)$ 存在反函数 $t=\varphi^{-1}(x)$.

【例 9】 求 $\int \frac{\mathrm{d}x}{1+\sqrt{x-1}}$.

解 令 $\sqrt{x-1}=t$，即 $x=t^2+1\ (t>0)$，于是 $\mathrm{d}x=2t\mathrm{d}t$，所以

$$\begin{aligned}\int \frac{\mathrm{d}x}{1+\sqrt{x-1}} &= \int \frac{2t}{1+t}\mathrm{d}t = 2\int \frac{1+t-1}{1+t}\mathrm{d}t \\ &= 2\left[\int \mathrm{d}t - \int \frac{1}{1+t}\mathrm{d}t\right] = 2[t-\ln|1+t|]+C \\ &\xlongequal{\text{回代 } t=\sqrt{x-1}} 2[\sqrt{x-1}-\ln(1+\sqrt{x-1})]+C.\end{aligned}$$

4.2.4 分部积分法

换元积分法虽然解决了许多函数的不定积分问题，但仍然有一部分函数的不定积分，例如对于形如 $\int x\mathrm{e}^x\mathrm{d}x$、$\int \mathrm{e}^x\cos x\mathrm{d}x$、$\int \ln x\mathrm{d}x$ 等，不能用换元积分法解决. 为此，本节将在两个函数乘积的微分法则的基础上，推得另一种求积分的基本方法——分部积分法.

设函数 $u=u(x)$ 及 $v=v(x)$ 在区间 D 上具有连续导数，根据乘积的微分法则，有

$$\mathrm{d}(uv)=u\mathrm{d}v+v\mathrm{d}u,$$

移项，得

$$u\mathrm{d}v=\mathrm{d}(uv)-v\mathrm{d}u,$$

两边求不定积分，得

$$\int u\mathrm{d}v=uv-\int v\mathrm{d}u.$$

这个公式称为**分部积分公式**，利用分部积分公式求积分的方法称为**分部积分法**.

这个公式的作用在于：如果右端的积分 $\int v\mathrm{d}u$ 较左端的积分 $\int u\mathrm{d}v$ 容易求得，那么利用这个公式就可以起到化难为易的作用.

【例 10】 求 $\int x\mathrm{e}^x\mathrm{d}x$.

解 选取 $u=x, \mathrm{d}v=\mathrm{e}^x\mathrm{d}x=\mathrm{d}(\mathrm{e}^x)$，则

$$v = e^x, \quad du = dx,$$

所以

$$\int x e^x dx = \int x d(e^x) = x e^x - \int e^x dx = x e^x - e^x + C.$$

在例 10 中,如果选取 $u = e^x, dv = x dx = d\left(\frac{x^2}{2}\right)$,即

$$v = \frac{x^2}{2}, \quad du = e^x dx,$$

由公式,得

$$\int x e^x dx = \int e^x d\left(\frac{x^2}{2}\right) = \frac{1}{2}x^2 e^x - \int \frac{x^2}{2} d(e^x) = \frac{1}{2}x^2 e^x - \frac{1}{2}\int x^2 e^x dx.$$

显然,右端的积分 $\int x^2 e^x dx$ 比 $\int x e^x dx$ 更复杂,这样选取 u 和 dv 是不恰当的.

所以,在应用分部积分公式时,恰当地选取 u 和 dv 是一个关键. 一般地,选取 u 和 dv 的原则是:

(1) v 要容易求得;

(2) $\int v du$ 要比 $\int u dv$ 容易求出.

【例 11】 求 $\int x\cos x dx$.

解 选取 $u = x, dv = \cos x dx = d(\sin x)$,即

$$v = \sin x, \quad du = dx,$$

所以

$$\int x\cos x dx = \int x d(\sin x) = x\sin x - \int \sin x dx = x\sin x + \cos x + C.$$

对分部积分法熟练后,计算时 u 和 dv 可不必写出.

从上面的几个例子可以看出,如果被积函数是幂函数与指数函数或正(余)弦函数的乘积,那么就可以考虑用分部积分法,并选幂函数作为 u.

【例 12】 求 $\int x\ln x dx$.

解
$$\int x\ln x dx = \int \ln x d\left(\frac{x^2}{2}\right) = \frac{x^2}{2}\ln x - \int \frac{x^2}{2} d(\ln x)$$
$$= \frac{x^2}{2}\ln x - \frac{1}{2}\int x dx = \frac{1}{2}x^2\ln x - \frac{1}{4}x^2 + C.$$

【例 13】 求 $\int \ln x dx$.

解
$$\int \ln x dx = x\ln x - \int x d(\ln x) = x\ln x - \int dx = x\ln x - x + C.$$

从上面的几个例子可以看出,如果被积函数是幂函数与对数函数的乘积,那么也可以考虑用分部积分法,并选对数函数作为 u.

阅读材料

微积分学在中国的最早传播人——李善兰

李善兰(1811—1882)字壬叔,号秋纫.浙江海宁人,清代数学家,曾任苏州府幕僚,1868 年被清政府谕召到北京任同文馆数学教授,执教 13 年.李善兰在尖锥求积术、三角函数与对数的幂级数展开式、高阶等差级数求和等方面都进行了深入的研究,在素数论方面也有杰出成就,提出了判别素数的重要法则.他对有关二项式定理系数的恒等式也进行了深入研究,曾取各家级数论之长,归纳出以他的名字命名的"李善兰恒等式".

李善兰不仅在数学研究上有很深造诣,而且在代数学、微积分学的传播方面也做出了不朽的贡献.在 1852—1859 年间,他与英国传教士伟烈亚力合作,翻译出版了三部著作:《几何原本》后 9 卷,英国数学家德摩根的《代微积拾级》18 卷、《谈天》(天文学名著)18 卷.其译著大都是中国出版的代数学、解析几何学、微积分学等相关领域的第一部著作,例如《代数学》《代微积拾级》.李善兰不懂外语,由伟烈亚力口译,李善兰笔述.但李善兰不只是抄录整理,而是基于对微积分等数学内容的深入理解以及对中国传统数学的承袭进行再加工创造,其中所创设的一些名词,如变量、微分、积分、代数学、数学、数轴、曲率、曲线、极大、极小、无穷、根、方程式等沿用至今.

习 题 4.2

1. 求下列不定积分:

(1) $\int(e^x+5^x)dx$; (2) $\int\left(x+\frac{1}{x}\right)^2dx$;

(3) $\int\frac{x^2+x\sqrt{x}-3}{\sqrt{x}}dx$; (4) $\int(3^x+x^3)dx$;

(5) $\int\frac{\sin 2x}{\sin x}dx$; (6) $\int\frac{x-4}{\sqrt{x}+2}dx$.

2. 填空：

(1) $dx = (\qquad)\ d(2-3x)$；　(2) $xdx = (\qquad)\ d(x^2+1)$；

(3) $x^2dx = (\qquad)\ d(1-2x^3)$；(4) $\dfrac{1}{\sqrt{x}}dx = (\qquad)\ d(\sqrt{x})$.

3. 求下列不定积分：

(1) $\displaystyle\int \sin\frac{x}{2}dx$；　(2) $\displaystyle\int e^{-2x}dx$；

(3) $\displaystyle\int \left(\frac{x}{2}+5\right)^{19}dx$；　(4) $\displaystyle\int \frac{\cos x}{\sin^3 x}dx$.

4. 求下列不定积分：

(1) $\displaystyle\int \frac{\sqrt{1+x}}{1+\sqrt{1+x}}dx$；　(2) $\displaystyle\int \frac{dx}{\sqrt{x}+1}$.

5. 求下列不定积分：

(1) $\displaystyle\int x\sin x dx$；　(2) $\displaystyle\int x\cos 2x dx$；

(3) $\displaystyle\int x^2\ln x dx$；　(4) $\displaystyle\int \ln(1+x)dx$.

6. 求下列各不定积分：

(1) $\displaystyle\int \frac{(1-x)^2}{\sqrt{x}}dx$；　(2) $\displaystyle\int \frac{e^{3x}+1}{e^x+1}dx$；

(3) $\displaystyle\int \frac{\sin\sqrt{x}}{\sqrt{x}}dx$；　(4) $\displaystyle\int \frac{(\ln x)^3}{x}dx$；

(5) $\displaystyle\int \frac{e^x dx}{1+e^x}$；　(6) $\displaystyle\int x^4\ln x dx$.

4.3　定积分的概念和性质

4.3.1　定积分的概念

【引例】 求曲边梯形的面积.

设 $f(x)$ 为区间 $[a,b](a<b)$ 上非负连续函数，由曲线 $y=f(x)$，直线 $x=a, x=b$ 以及 x 轴所围成的平面图形就称为**曲边梯形**.

怎样计算曲边梯形的面积呢？

1) 分割

在区间 $[a,b]$ 中任意插入若干个分点

$a=x_0<x_1<x_2\cdots<x_{n-1}<x_n=b$，把 $[a,b]$ 分成 n 个小区间

$$[x_0,x_1],[x_1,x_2],\cdots,[x_{n-1},x_n],$$

它们的长度依次为：

$$\Delta x_1=x_1-x_0,\Delta x_2=x_2-x_1,\cdots,\Delta x_n=x_n-x_{n-1}.$$

经过每一个分点作平行于 y 轴的直线段，把曲边梯形分成 n 个窄曲边梯形，如图 4-2 所示.

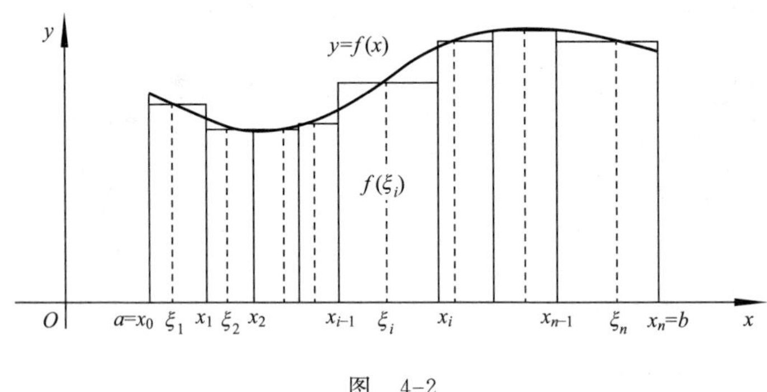

图 4-2

2）近似代替

在每个小区间$[x_{i-1},x_i]$上任取一点 ξ_i，以$[x_{i-1},x_i]$为底，$f(\xi_i)$为高的窄边矩形面积 $f(\xi_i)\Delta x_i$ 近似替代第 i 个窄边梯形面积（$i=1,2,\cdots,n$）.

3）求和

把这样得到的 n 个窄矩形面积之和作为所求曲边梯形面积 A 的近似值，即

$$\begin{aligned}A&\approx f(\xi_i)\Delta x_1+f(\xi_2)\Delta x_2+\cdots+f(\xi_n)\Delta x_n\\&=\sum_{i=1}^{n}f(\xi_i)\Delta x_i.\end{aligned}$$

4）取极限

设 $\lambda=\max\{\Delta x_1,\Delta x_2,\cdots,\Delta x_n\}$，$\lambda\to 0$ 时，可得曲边梯形的面积

$$A=\lim_{\lambda\to 0}\sum_{i=1}^{n}f(\xi_i)\Delta x_i.$$

这样，计算曲边梯形面积的问题，就归结为求“和式 $\sum\limits_{i=1}^{n}f(\xi_i)\Delta x_i$ 的极限”问题.

为了研究这类和式的极限，给出下面的定义.

定义 1 设函数 $y=f(x)$ 在闭区间 $[a,b]$ 上有定义，任取分点

$$a=x_0<x_1<x_2<\cdots<x_{i-1}<x_i<\cdots<x_n=b,$$

将区间 $[a,b]$ 分成 n 个小区间 $[x_{i-1},x_i]$，其长度为 $\Delta x_i=x_i-x_{i-1}$（$i=1$，

$2,\cdots,n$).

在每个小区间 $[x_{i-1},x_i]$ 上任取一点 $\xi_i(x_{i-1}\leqslant\xi_i\leqslant x_i)$，作乘积 $f(\xi_i)\Delta x_i(i=1,2,\cdots,n)$ 的和式

$$\sum_{i=1}^{n} f(\xi_i)\Delta x_i. \tag{1}$$

记 $\lambda=\max\limits_{1\leqslant i\leqslant n}\{\Delta x_i\}$，如果不论对区间 $[a,b]$ 怎么分法，也不论在小区间 $[x_{i-1},x_i]$ 上点 ξ_i 怎样取法，当 $\lambda\to 0$ 时，和式(1)的极限存在，则称此极限值为函数 $f(x)$ 在区间 $[a,b]$ 上的定积分，记作 $\int_a^b f(x)\mathrm{d}x$，即

$$\int_a^b f(x)\mathrm{d}x=\lim_{\lambda\to 0}\sum_{i=1}^{n} f(\xi_i)\Delta x_i. \tag{2}$$

其中 $f(x)$ 称为**被积函数**，$f(x)\mathrm{d}x$ 称为**被积表达式**，x 称为**积分变量**，a 称为**积分下限**，b 称为**积分上限**，区间 $[a,b]$ 称为**积分区间**，"$\int$"称为**积分号**.

如果定积分 $\int_a^b f(x)\mathrm{d}x$ 存在，则也称 $f(x)$ 在区间 $[a,b]$ 上可积.

根据定积分的定义，前面的实际问题可以记为，曲边梯形的面积

$$A=\int_a^b f(x)\mathrm{d}x.$$

注意：

(1) 定积分 $\int_a^b f(x)\mathrm{d}x$ 是一个数值，与被积函数 $f(x)$ 及积分区间 $[a,b]$ 有关，与区间 $[a,b]$ 的分割方法和点 ξ_i 的取法无关；

(2) 在定积分 $\int_a^b f(x)\mathrm{d}x$ 的定义中，总是假定 $a<b$，为了以后计算方便，对 $a>b$ 及 $a=b$ 的情况给出以下的补充规定：

① 当 $a>b$ 时，

$$\int_a^b f(x)\mathrm{d}x=-\int_b^a f(x)\mathrm{d}x;$$

② 当 $a=b$ 时，

$$\int_a^a f(x)\mathrm{d}x=0.$$

4.3.2　定积分的几何意义

根据定积分的定义，可以得到以下结论：

(1) 如果函数 $f(x)$ 在 $[a,b]$ 上连续，且 $f(x)\geqslant 0$，那么定积分 $\int_a^b f(x)\mathrm{d}x$ 就表示由连续曲线 $y=f(x)$、直线 $x=a$、$x=b$ 与 x 轴所围成

的曲边梯形的面积,如图 4-3 所示.

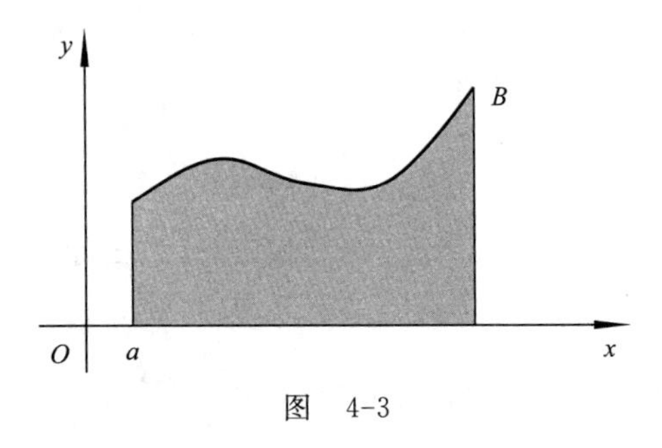

图 4-3

(2) 如果函数 $f(x)$ 在 $[a,b]$ 上连续,且 $f(x)\leqslant 0$,定积分 $\int_a^b f(x)\mathrm{d}x$ 是一个负数,

$$\int_a^b f(x)\mathrm{d}x=-A.$$

其中,A 是由连续曲线 $y=f(x)$、直线 $x=a$、$x=b$ 与 x 轴所围成的曲边梯形的面积,此时该曲边梯形位于 x 轴的下方(见图 4-4).

(3) 如果函数 $f(x)$ 在 $[a,b]$ 上连续,且有时为正有时为负,如图 4-5 所示,连续曲线 $y=f(x)$、直线 $x=a$、$x=b$ 与 x 轴所围成的图形是由三个曲边梯形组成,那么由定积分的定义可得

$$\int_a^b f(x)\mathrm{d}x=A_1-A_2+A_3.$$

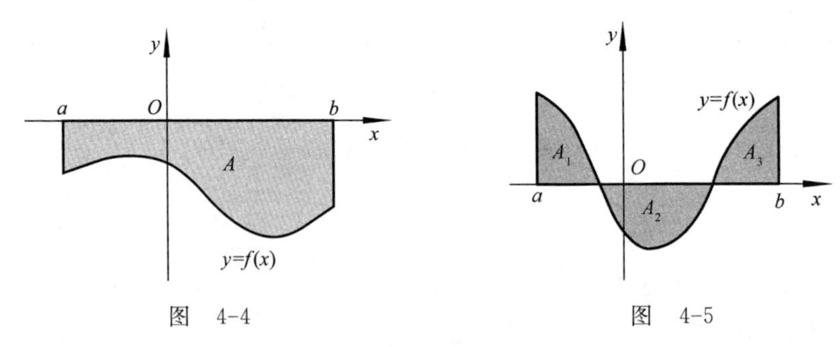

图 4-4　　图 4-5

总之,定积分 $\int_a^b f(x)\mathrm{d}x$ 在几何上表示由连续曲线 $y=f(x)$、直线 $x=a$、$x=b$ 与 x 轴所围成的各曲边梯形面积的代数和.

【例 1】 用定积分表示图 4-6 中两个图形阴影部分的面积.

解 在图 4-6(a)中,被积函数 $f(x)=1$ 在 $[a,b]$ 上连续,且 $f(x)>0$. 根据定积分的几何意义可得阴影部分的面积为

$$A=\int_a^b \mathrm{d}x=b-a.$$

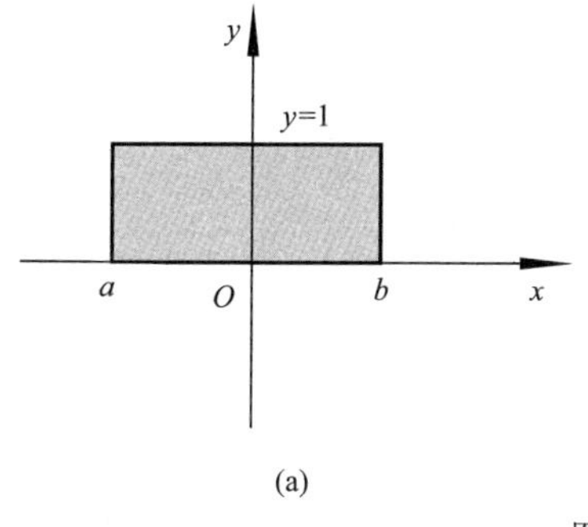

(a)

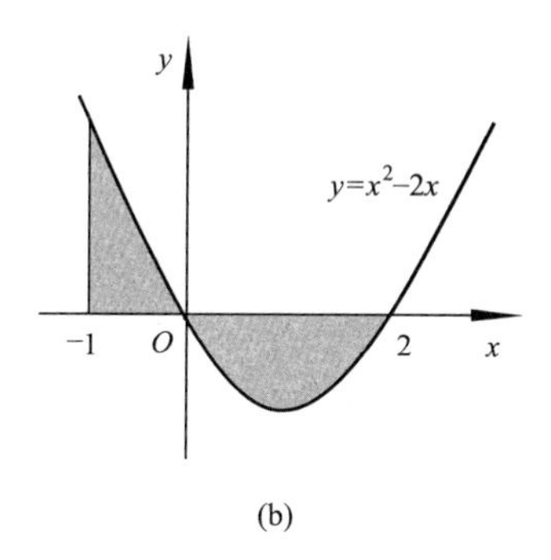

(b)

图　4-6

在图 4-6(b)中，被积函数 $y=x^2-2x$ 在 $[-1,2]$ 上连续，且在 $[-1,0]$ 上 $f(x)\geqslant 0$，在 $[0,2]$ 上 $f(x)\leqslant 0$，根据定积分的几何意义可得阴影部分的面积为

$$A=\int_{-1}^{0}(x^2-2x)\mathrm{d}x-\int_{0}^{2}(x^2-2x)\mathrm{d}x=\left(\frac{1}{3}x^3-x^2\right)\bigg|_{-1}^{0}-\left(\frac{1}{3}x^3-x^2\right)\bigg|_{0}^{2}$$
$$=\frac{4}{3}+\frac{4}{3}=\frac{8}{3}.$$

4.3.3　定积分的性质

由定积分定义知，定积分是和式的极限，由极限的运算法则，容易推出定积分的一些简单性质. 以下假设所给函数在所给出区间上都是可积的.

性质 1　若 $f(x)$、$g(x)$ 在 $[a,b]$ 上可积，则 $f(x)\pm g(x)$ 在 $[a,b]$ 上也可积，且

$$\int_a^b[f(x)\pm g(x)]\mathrm{d}x=\int_a^b f(x)\mathrm{d}x\pm\int_a^b g(x)\mathrm{d}x.$$

这个性质可以推广到有限个连续函数的代数和的定积分.

性质 2　若 $f(x)$ 在 $[a,b]$ 上可积，k 是任意常数，则 $kf(x)$ 在 $[a,b]$ 上也可积，且

$$\int_a^b kf(x)\mathrm{d}x=k\int_a^b f(x)\mathrm{d}x\quad(k\text{ 为常数}).$$

性质 3　设 $f(x)$ 在 $[a,b]$、$[a,c]$ 及 $[c,b]$ 上都是可积的，则有

$$\int_a^b f(x)\mathrm{d}x=\int_a^c f(x)\mathrm{d}x+\int_c^b f(x)\mathrm{d}x.$$

其中 c 可以在 $[a,b]$ 内，也可以在 $[a,b]$ 之外.

这个性质表明，定积分对积分区间具有可加性.

根据性质 3 和定积分的几何意义，可以得到以下结论.

(1) 如果 $f(x)$ 在 $[-a,a]$ 上连续，且为奇函数[见图 4-7(a)]，则有

$$\int_{-a}^{a} f(x)\mathrm{d}x = 0.$$

（2）如果 $f(x)$ 在 $[-a,a]$ 上连续，且为偶函数[见图 4-7(b)]，则有

$$\int_{-a}^{a} f(x)\mathrm{d}x = 2\int_{0}^{a} f(x)\mathrm{d}x.$$

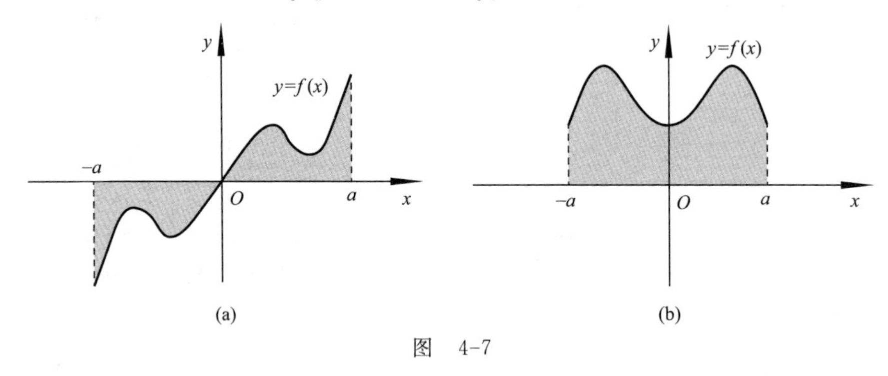

图 4-7

性质 4 如果在 $[a,b]$ 上，恒有 $f(x)=1$，那么 $\int_{a}^{b}\mathrm{d}x = b-a$.

性质 5 如果在 $[a,b]$ 上有 $f(x)\leqslant g(x)$，那么 $\int_{a}^{b} f(x)\mathrm{d}x \leqslant \int_{a}^{b} g(x)\mathrm{d}x$.

特别地，若 $f(x)\geqslant 0$，则有 $\int_{a}^{b} f(x)\mathrm{d}x \geqslant 0$.

性质 6(定积分中值定理) 如果 $f(x)$ 在闭区间 $[a,b]$ 上连续，则在区间 $[a,b]$ 上至少存在一点 ξ，使得

$$\int_{a}^{b} f(x)\mathrm{d}x = f(\xi)\cdot(b-a) \quad (a\leqslant\xi\leqslant b).$$

阅读材料

定积分的起源

定积分起源于求解图形的面积和几何体的体积等实际问题.古希腊阿基米德（公元前 287—前 212）用“穷竭法”，我国的刘徽用“割圆术”，都曾计算过一些图形的面积和几何体的体积，这些均为定积分的雏形.

1. 穷竭法

总量问题是积分学的中心问题.积分的起源可追溯到 2500 年前的古希腊，那时的希腊人在计算一些图形的面积时，使用了所谓的“穷竭法”.当时他们已经能计算多边形的面积：先把多边形分成若干个三角形，然后把这些三角形的面积累加起来.然而在计算曲边形的面积

时，这种方法显然就不适用了．后来，古希腊人利用“穷竭法”计算曲边形的面积：先计算曲边形的内接正多边形和外切正多边形的面积，然后让多边形的边数不断增加，逼近曲边形的面积．

2．割圆术

我国魏晋时期数学家刘徽使用了“割圆术”来推算圆面积，他从圆内接正六边形开始割圆，每次边数倍增，计算出正192边形的面积，求得$\pi=\frac{157}{50}=3.14$，后来又计算出圆内接正3 072边形的面积，从而得到精确度很高的圆周率近似值：$\pi=\frac{3\ 927}{1\ 250}$，精确到小数点后四位，即3.141 6.，称为“徽率”．

习　题　4.3

1．根据定积分的几何意义或本节结论，判断下列定积分的值哪个为正，哪个为负，那个为零．

(1) $\int_0^{\frac{\pi}{2}}\sin x\mathrm{d}x$；　　(2) $\int_{-\frac{\pi}{2}}^0\sin x\mathrm{d}x$；

(3) $\int_{-\pi}^{\pi}x^2\sin x\mathrm{d}x$；　　(4) $\int_{-1}^2 x^3\mathrm{d}x$；

(5) $\int_{-1}^2 x^2\mathrm{d}x$；　　(6) $\int_{-1}^1 x\mid x\mid\mathrm{d}x$．

2．利用定积分的几何意义，求出下列各定积分：

(1) $\int_0^2(2x+1)\mathrm{d}x$；　　(2) $\int_0^2 3\mathrm{d}x$.

3．用定积分表示图4-8中阴影部分的面积：

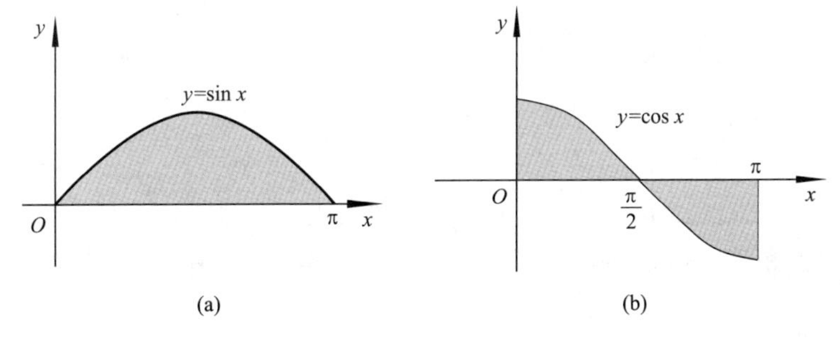

图　4-8

4.4　牛顿-莱布尼茨公式

我们已经学习了有关定积分的概念和性质，掌握了用定义或几何意义来计算定积分的方法，用定义直接计算定积分并不是一件容易的事，如果被积函数较复杂，其难度就更大.为此，必须寻求简便计算定积分的方法，在定积分与不定积分之间寻求联系，并通过求原函数来计算定积分，本节将给出计算定积分的基本公式——牛顿-莱布尼茨公式.

4.4.1　积分上限函数(变上限函数)及其导数

如果函数 $f(x)$ 在区间 $[a,b]$ 上连续，并设 x 为区间 $[a,b]$ 上的一点.显然 $f(x)$ 在区间 $[a,x]$ 上也是连续的，因此定积分 $\int_a^x f(x)\mathrm{d}x$ 存在.因为定积分与积分变量无关，为了明确起见，把积分变量改用其他符号，如 t，则上面的积分可以写成 $\int_a^x f(t)\mathrm{d}t$.

定义 1　如果函数 $f(x)$ 在区间 $[a,b]$ 上连续，那么在区间 $[a,b]$ 上每取一点 x，就有一个确定的定积分 $\int_a^x f(t)\mathrm{d}t$ 的值与 x 相对应，即构成一个新的函数，称为变上限函数，记为 $\Phi(x)$，即

$$\Phi(x)=\int_a^x f(t)\mathrm{d}t \quad (a\leqslant x\leqslant b).$$

对于其他的变限积分函数利用定积分的补充定义或定积分的可加性均可化为变上限函数.如

$$\int_{x^2}^x f(t)\mathrm{d}t=\int_{x^2}^a f(t)\mathrm{d}t+\int_a^x f(t)\mathrm{d}t=-\int_a^{x^2} f(t)\mathrm{d}t+\int_a^x f(t)\mathrm{d}t.$$

下面讨论变上限函数 $\Phi(x)=\int_a^x f(t)\mathrm{d}t$ 在区间 $[a,b]$ 上是否可导，设函数 $f(x)$ 在区间 $[a,b]$ 上连续.

根据导数的定义，给函数 $\Phi(x)$ 的自变量 x 以增量 Δx，则

$$\begin{aligned}\Delta\Phi(x)&=\Phi(x+\Delta x)-\Phi(x)=\int_a^{x+\Delta x} f(t)\mathrm{d}t-\int_a^x f(t)\mathrm{d}t\\&=\int_a^x f(t)\mathrm{d}t+\int_x^{x+\Delta x} f(t)\mathrm{d}t-\int_a^x f(t)\mathrm{d}t=\int_x^{x+\Delta x} f(t)\mathrm{d}t.\end{aligned}$$

根据积分中值定理，在 x 与 $x+\Delta x$ 之间至少存在一点 ξ，使得

$$\Delta\Phi(x)=\int_x^{x+\Delta x} f(t)\mathrm{d}t=f(\xi)\Delta x$$

成立(见图 4-9).

因为函数 $f(x)$ 在区间 $[a,b]$ 上连续,所以,当 $\Delta x \to 0$ 时有 $\xi \to x$,得 $f(\xi) \to f(x)$,即

$$\Phi'(x) = \lim_{\Delta x \to 0} \frac{\Delta \Phi(x)}{\Delta x} = \lim_{\xi \to x} f(\xi) = f(x),$$

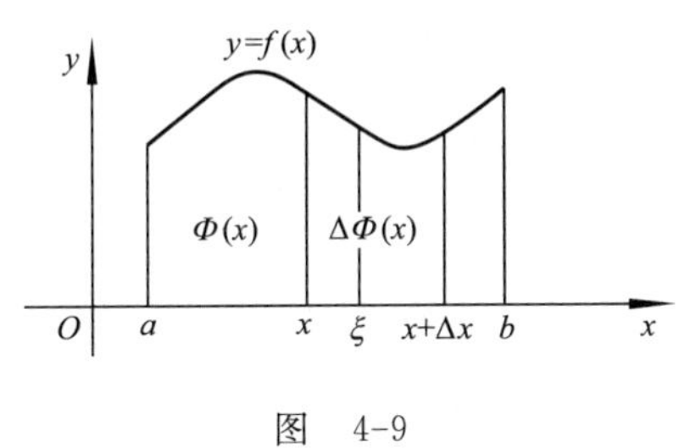

图　4-9

故

$$\left[\int_a^x f(t)\mathrm{d}t\right]' = f(x).$$

定理 2　若函数 $f(x)$ 在区间 $[a,b]$ 上连续,那么变上限函数 $\Phi(x) = \int_a^x f(t)\mathrm{d}t$ 在区间 (a,b) 内可导,且其导数等于被积函数,即

$$\Phi'(x) = \left[\int_a^x f(t)\mathrm{d}t\right]'_x = f(x).$$

定理 2 指出,如果函数 $f(x)$ 在区间 $[a,b]$ 上连续,则变上限函数 $\Phi(x) = \int_a^x f(t)\mathrm{d}t$ 是 $f(x)$ 的一个原函数,这就解决了原函数存在的问题.

定理 3　若函数 $f(x)$ 在区间 $[a,b]$ 上连续,则函数 $f(x)$ 的原函数必存在,且函数 $\Phi(x) = \int_a^x f(t)\mathrm{d}t$ 是函数 $f(x)$ 在区间 $[a,b]$ 上的原函数.

【例 1】　求下列函数的导数:

(1) $\dfrac{\mathrm{d}}{\mathrm{d}x}\left(\int_x^1 \sin t^2 \mathrm{d}t\right)$;　(2) $\dfrac{\mathrm{d}}{\mathrm{d}x}\left(\int_{\sqrt{x}}^{x^2} \mathrm{e}^{t^2} \mathrm{d}t\right)$.

解　(1) $\dfrac{\mathrm{d}}{\mathrm{d}x}\left(\int_x^1 \sin t^2 \mathrm{d}t\right) = -\dfrac{\mathrm{d}}{\mathrm{d}x}\left(\int_1^x \sin t^2 \mathrm{d}t\right) = -\sin x^2$.

(2)
$$\begin{aligned}\frac{\mathrm{d}}{\mathrm{d}x}\left(\int_{\sqrt{x}}^{x^2} \mathrm{e}^{t^2} \mathrm{d}t\right) &= \frac{\mathrm{d}}{\mathrm{d}x}\left(\int_{\sqrt{x}}^{a} \mathrm{e}^{t^2} \mathrm{d}t + \int_a^{x^2} \mathrm{e}^{t^2} \mathrm{d}t\right) \\ &= \frac{\mathrm{d}}{\mathrm{d}x}\left(-\int_a^{\sqrt{x}} \mathrm{e}^{t^2} \mathrm{d}t + \int_a^{x^2} \mathrm{e}^{t^2} \mathrm{d}t\right) \\ &= -\frac{\mathrm{e}^x}{2\sqrt{x}} + 2x\mathrm{e}^{x^4}.\end{aligned}$$

【例 2】　计算 $\lim\limits_{x \to 0} \dfrac{\int_0^x \ln(1+t^2)\mathrm{d}t}{x^3}$.

解　这是一个“$\dfrac{0}{0}$”型的未定式极限,由洛必达法则,得

$$\lim_{x\to 0}\frac{\int_0^x \ln(1+t^2)\,\mathrm{d}t}{x^3}=\lim_{x\to 0}\frac{\ln(1+x^2)}{3x^2}=\lim_{x\to 0}\frac{\frac{2x}{1+x^2}}{6x}$$

$$=\frac{1}{3}\lim_{x\to 0}\frac{1}{1+x^2}=\frac{1}{3}.$$

4.4.2 牛顿-莱布尼茨公式

设函数 $F(x)$ 是连续函数 $f(x)$ 的任一个原函数,由定理 3 知道,变上限 x 的函数 $\Phi(x)=\int_a^x f(t)\,\mathrm{d}t$ 也是 $f(x)$ 的一个原函数,于是

$$F(x)-\Phi(x)=C\quad(a\leqslant x\leqslant b).$$

当 $x=a$ 时,上式为 $F(a)-\Phi(a)=C$,而 $\Phi(a)=\int_a^a f(t)\,\mathrm{d}t=0$,即 $C=F(a)$. 从而 $\Phi(x)=F(x)-F(a)$,即

$$\int_a^x f(t)\,\mathrm{d}t=F(x)-F(a);$$

当 $x=b$ 时,有 $\int_a^b f(t)\,\mathrm{d}t=F(b)-F(a)$,把积分变量 t 改写为 x,即有

$$\int_a^b f(x)\,\mathrm{d}x=F(b)-F(a),$$

其中,把 $F(b)-F(a)$ 记作 $[F(x)]_a^b$ 或 $F(x)\big|_a^b$.

定理 4 设函数 $f(x)$ 在区间 $[a,b]$ 上连续,$F(x)$ 是 $f(x)$ 在 $[a,b]$ 上的任一原函数,即 $F'(x)=f(x)$,则有

$$\int_a^b f(x)\,\mathrm{d}x=F(b)-F(a).$$

该公式称为**牛顿-莱布尼茨**(Newton-Leibniz)公式(证明从略),也称为**微积分基本公式**. 为了使用方便,该公式还可写成下面的形式

$$\int_a^b f(x)\,\mathrm{d}x=[F(x)]_a^b\quad 或\quad \int_a^b f(x)\,\mathrm{d}x=F(x)\big|_a^b.$$

这个公式表明,当被积函数连续时,计算定积分只需计算被积函数的任一原函数在积分上、下限处函数值的差,即定积分的数值等于被积函数的任一原函数在积分区间上的增量. 这进一步揭示了函数的定积分与原函数(不定积分)之间的内在联系.

【例 3】 计算 $\int_a^b x\,\mathrm{d}x$.

解 $$\int_a^b x\,\mathrm{d}x=\left[\frac{1}{2}x^2\right]_a^b=\frac{1}{2}(b^2-a^2).$$

【例 4】 计算 $\int_0^1 x^2 \mathrm{d}x$.

解

$$\int_0^1 x^2 \mathrm{d}x = \left[\frac{1}{3}x^3\right]_0^1 = \frac{1}{3}.$$

【例 5】 计算 $\int_0^{\pi} \cos x \mathrm{d}x$.

解

$$\int_0^{\pi} \cos x \mathrm{d}x = [\sin x]_0^{\pi} = \sin \pi - \sin 0 = 0.$$

【例 6】 计算 $\int_{-2}^{-1} \frac{1}{x} \mathrm{d}x$.

解

$$\int_{-2}^{-1} \frac{1}{x} \mathrm{d}x = [\ln |x|]_{-2}^{-1} = \ln 1 - \ln 2 = -\ln 2.$$

【例 7】 设 $f(x) = \begin{cases} x+1 & 当\ x \leqslant 1 \\ \frac{1}{2}x^2 & 当\ x > 1 \end{cases}$，求 $\int_0^2 f(x) \mathrm{d}x$.

解

$$\int_0^2 f(x) \mathrm{d}x = \int_0^1 f(x) \mathrm{d}x + \int_1^2 f(x) \mathrm{d}x = \int_0^1 (x+1) \mathrm{d}x + \int_1^2 \frac{1}{2}x^2 \mathrm{d}x$$

$$= \left[\frac{1}{2}x^2 + x\right]_0^1 + \left[\frac{1}{6}x^3\right]_1^2 = \frac{3}{2} + \frac{7}{6} = \frac{8}{3}.$$

阅读材料

牛　顿

牛顿(Isaac Newton ,1643—1727)是英国数学家、物理学家，被誉为人类历史上最伟大的科学家之一.

在牛顿的全部科学贡献中，数学成就占有突出的地位. 他数学生涯中的第一项创造性成果就是发现了二项式定理. 据牛顿本人回忆，他是在 1664 年和 1665 年间的冬天，在研读沃利斯博士的《无穷算术》并试图修改他的求圆面积的级数时发现这一定理的.

微积分的创立是牛顿最卓越的数学成就，牛顿是为解决运动问题，才创立这种和物理概念直接联系的数学理论的，牛顿称之为“流数术”. 它所处理的一些具体问题，如切线问题、求积问题、瞬时速度问题以及函数的极大值和极小值问题等，在牛顿之前已经得到人们的研究.

但牛顿超越了前人,他站在了更高的角度,对以往分散的努力加以综合,将自古希腊以来求解无限小问题的各种技巧统一为两类普通的算法——微分和积分,并确立了这两类运算的互逆关系,从而完成了微积分创立中最关键的一步,为近代科学发展提供了最有效的工具,开辟了数学史上的一个新纪元。

习 题 4.4

1. 计算下列定积分:

(1) $\int_{-1}^{3}(x-1)\mathrm{d}x$;　　(2) $\int_{0}^{2}(x^2-2x)\mathrm{d}x$;

(3) $\int_{0}^{1}(2-3\cos x)\mathrm{d}x$;　　(4) $\int_{1}^{2}\left(x+\frac{1}{x}\right)^2\mathrm{d}x$;

(5) $\int_{0}^{2\pi}|\sin x|\mathrm{d}x$;　　(6) $\int_{-1}^{2}|2x-1|\mathrm{d}x$.

2. 设 $f(x)=\begin{cases}x^2 & 当\ x\leqslant 1\\ x-1 & 当\ x>1\end{cases}$,求 $\int_{0}^{2}f(x)\mathrm{d}x$.

4.5 定积分的计算

通过求原函数可计算出不定积分,而求原函数的方法有换元积分法与分部积分法.对定积分也有相应的换元积分法和分部积分法.

4.5.1 定积分的换元法

1. 第一类换元积分法(凑微分法)

设被积函数 $f(\varphi(x))\varphi'(x)$ 在区间 $[a,b]$ 上连续,且 $F[\varphi(x)]$ 为 $f[\varphi(x)]\varphi'(x)$ 的原函数,那么

$$\int_{a}^{b}f(\varphi(x))\varphi'(x)\mathrm{d}x=\int_{a}^{b}f(\varphi(x))\mathrm{d}\varphi(x)$$
$$=F((\varphi(x))\big|_{a}^{b}=F(\varphi(b))-F(\varphi(a)).$$

应用此公式求定积分的方法就叫**第一类换元积分法**.用第一类换元积分法计算定积分时,若没有引入新积分变量,则积分限不变.

【例 1】 求 $\int_{0}^{\frac{\pi}{2}}\cos^3 x\sin x\mathrm{d}x$.

解　$\int_0^{\frac{\pi}{2}} \cos^3 x \sin x \mathrm{d}x = -\int_0^{\frac{\pi}{2}} \cos^3 x \mathrm{d}\cos x = -\frac{1}{4}\left[\cos^4 x\right]_0^{\frac{\pi}{2}} = \frac{1}{4}$.

2. 第二类换元积分法

设函数 $f(x)$ 在区间 $[a,b]$ 上连续，作变换 $x = \varphi(t)$，$\varphi(t)$ 满足下列条件：

(1) $\varphi(\alpha) = a$，$\varphi(\beta) = b$；

(2) $\varphi(t)$ 在 α 与 β 之间的闭区间上是单值连续函数，且当 t 在 α 与 β 之间变化时，$a \leqslant \varphi(t) \leqslant b$；

(3) $\varphi'(t)$ 在 α 与 β 之间的闭区间上连续.

则有

$$\int_a^b f(x)\mathrm{d}x = \int_\alpha^\beta f(\varphi(t))\varphi'(t)\mathrm{d}t.$$

这是**定积分的第二类换元积分法**(证明从略).

注意：定积分的换元积分法与不定积分的换元积分法不同之处在于：定积分的换元积分法换元后，积分上、下限也要作相应的变换，即"**换元必换限**""**换限必对应**". 在换元换限后，按新的积分变量做下去，不必还原成原变量.

【例 2】　计算 $\int_0^3 \frac{x}{\sqrt{1+x}}\mathrm{d}x$.

解　设 $\sqrt{1+x} = t$，则 $x = t^2 - 1$，$\mathrm{d}x = 2t\mathrm{d}t$.

当 $x = 0$ 时，$t = 1$；当 $x = 3$ 时，$t = 2$，所以

$$\int_0^3 \frac{x}{\sqrt{1+x}}\mathrm{d}x = 2\int_1^2 (t^2 - 1)\mathrm{d}t = 2\left[\frac{t^3}{3} - t\right]_1^2 = \frac{8}{3}.$$

4.5.2　定积分的分部积分法

设函数 $u = u(x)$，$v = v(x)$ 在区间 $[a,b]$ 上都具有连续导数，根据乘积的微分法则，得

$$\mathrm{d}[u(x)v(x)] = u(x)\mathrm{d}[v(x)] + v(x)\mathrm{d}[u(x)].$$

分别求该等式两端在区间 $[a,b]$ 上的定积分，得

$$\int_a^b \mathrm{d}[u(x)v(x)] = \int_a^b u(x)\mathrm{d}[v(x)] + \int_a^b v(x)\mathrm{d}[u(x)].$$

即

$$\int_a^b u(x)\mathrm{d}[v(x)] = [u(x)v(x)]_a^b - \int_a^b v(x)\mathrm{d}[u(x)].$$

或简记为

$$\int_a^b u\,dv = [uv]_a^b - \int_a^b v\,du.$$

这就是定积分的**分部积分公式**.

【例 3】 计算 $\int_0^{\frac{\pi}{2}} x\cos x dx$.

解 $\int_0^{\frac{\pi}{2}} x\cos x dx = \int_0^{\frac{\pi}{2}} x d(\sin x) = [x\sin x]_0^{\frac{\pi}{2}} - \int_0^{\frac{\pi}{2}} \sin x dx$

$$= \frac{\pi}{2} - [-\cos x]_0^{\frac{\pi}{2}} = \frac{\pi}{2} - 1$$

$$= \frac{\pi}{2} + [\sqrt{1-x^2}]_0^1 = \frac{\pi}{2} - 1.$$

【例 4】 计算 $\int_{\frac{1}{e}}^{e} |\ln x| dx$.

解 因为 $f(x) = |\ln x| = \begin{cases} \ln x & 当 1 < x \leqslant e \\ -\ln x & 当 \frac{1}{e} \leqslant x \leqslant 1 \end{cases}$，所以

$$\int_{\frac{1}{e}}^{e} |\ln x| dx = \int_{\frac{1}{e}}^{1} |\ln x| dx + \int_1^e |\ln x| dx$$

$$= -\int_{\frac{1}{e}}^{1} \ln x dx + \int_1^e \ln x dx.$$

又因为

$$\int \ln x dx = x\ln x - x + C,$$

所以

$$\int_{\frac{1}{e}}^{e} |\ln x| dx = -[x\ln x - x]_{\frac{1}{e}}^{1} + [x\ln x - x]_1^e$$

$$= 1 - \frac{2}{e} + 1 = 2 - \frac{2}{e}.$$

【例 5】 计算 $\int_0^1 e^{\sqrt{x}} dx$.

解 先用换元积分法：

设 $\sqrt{x} = t$，则有 $x = t^2$，$dx = 2tdt$，当 $x = 0$ 时，$t = 0$；当 $x = 1$ 时，$t = 1$. 于是

$$\int_0^1 e^{\sqrt{x}} dx = \int_0^1 e^t 2tdt = 2\int_0^1 e^t t dt.$$

再用分部积分法计算

$$\int_0^1 e^t t dt = \int_0^1 t de^t = [te^t]_0^1 - \int_0^1 e^t dt = e - [e^t]_0^1 = 1.$$

从而得到

$$\int_0^1 e^{\sqrt{x}} dx = 2.$$

习　题　4.5

1. 计算下列各定积分：

(1) $\int_0^1 x e^{x^2} dx$；　(2) $\int_0^{\frac{\pi}{2}} \cos x \sin^2 x dx$；

(3) $\int_1^{e^2} \frac{1}{x\sqrt{1+\ln x}} dx$；　(4) $\int_i^e \frac{\ln x}{x} dx$；

(5) $\int_0^1 \frac{2x}{1+x^2} dx$；　(6) $\int_0^4 \frac{dx}{1+\sqrt{x}}$.

2. 计算下列各定积分：

(1) $\int_0^{\pi} x\cos x dx$；　(2) $\int_0^{\frac{\pi}{2}} x\sin x dx$；

(3) $\int_1^2 x\ln x dx$；　(4) $\int_0^1 x e^x dx$.

4.6　定积分的应用

4.6.1　定积分的微元法

定积分是求某个不均匀分布的整体量的有力工具. 实际中，有不少几何、物理的问题需要用定积分来解决，广泛采用的是将所求量 U（总量）表示为定积分的方法微元法，这个方法的主要步骤如下：

1. 由分割写出微元

根据具体问题，选取一个积分变量，例如 x 为积分变量，并确定它的变化区间 $[a,b]$，任取 $[a,b]$ 的一个区间微元 $[x,x+dx]$，求出相应于这个区间微元上部分量 ΔU 的近似值，即求出所求总量 U 的微元

$$dU = f(x)dx.$$

2. 由微元写出积分

以 $dU = f(x)dx$ 为被积表达式，在闭区间 $[a,b]$ 上作定积分，即得所求量

$$U = \int_a^b dU = \int_a^b f(x)dx,$$

然后计算出结果.

4.6.2 平面图形的面积

本章第三节中我们利用定积分的几何意义也能求一些平面图形的面积,但对比较复杂的平面图形的面积,采用微元法来计算就比较简便.

(1) 由曲线 $y=f(x)(f(x)\geqslant 0)$ 及直线 $x=a$、$x=b(a<b)$ 及 x 轴所围成的曲边梯形面积(见图 4-10).

$$A=\int_a^b f(x)\mathrm{d}x,$$

其中,$f(x)\mathrm{d}x$ 为面积元素.

(2) 由曲线 $y=f(x)$ 与 $y=g(x)$ 及直线 $x=a,x=b(a<b)$ 且 $f(x)\geqslant g(x)$ 所围成的图形面积(见图 4-11).

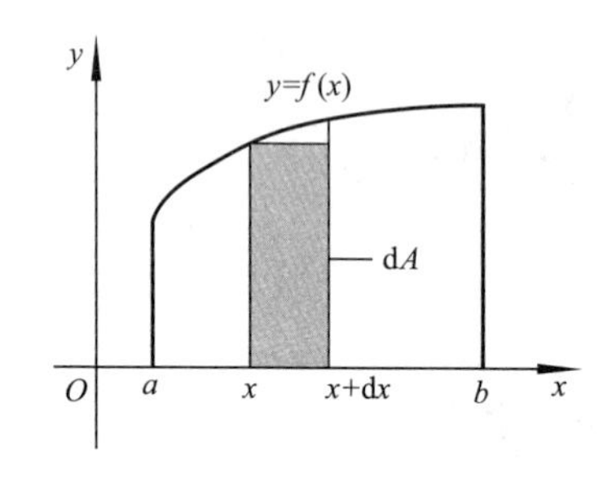

图 4-10

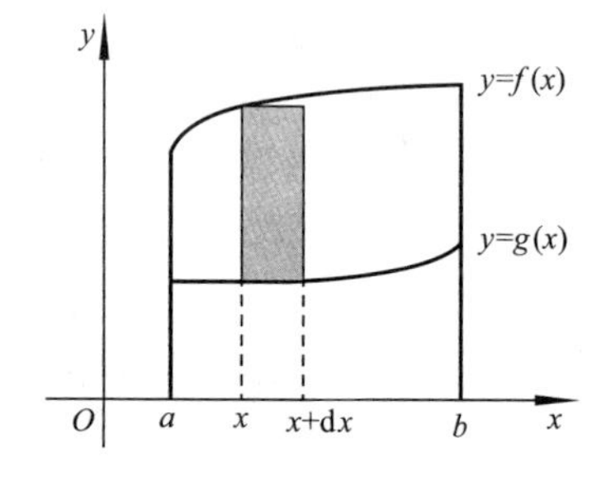

图 4-11

$$A=\int_a^b f(x)\mathrm{d}x-\int_a^b g(x)\mathrm{d}x=\int_a^b[f(x)-g(x)]\mathrm{d}x,$$

其中,$[f(x)-g(x)]\mathrm{d}x$ 为面积元素.

同理,当平面图形是由连续曲线 $x=\varphi(y),x=\psi(y),(\varphi(y)\geqslant\psi(y))$ 与直线 $y=c,y=d(d\geqslant c)$ 以及 y 轴所围时,其面积为

$$A=\int_c^d[\varphi(y)-\psi(y)]\mathrm{d}y.$$

【例 1】 设平面图形是由曲线 $y=2x^2$ 和直线 $x=2,y=0$ 所围成(见图 4-12),求此平面图形的面积.

解 选择 x 作积分变量,变量 x 的变化范围为$[0,2]$,从而所求图形面积

$$A=\int_0^2 2x^2\mathrm{d}x=\frac{2}{3}x^3\Big|_0^2=\frac{16}{3}.$$

【例 2】 计算 $y=x^2$ 和直线 $x+y=2$ 所围成的平面图形(见图 4-13)的面积.

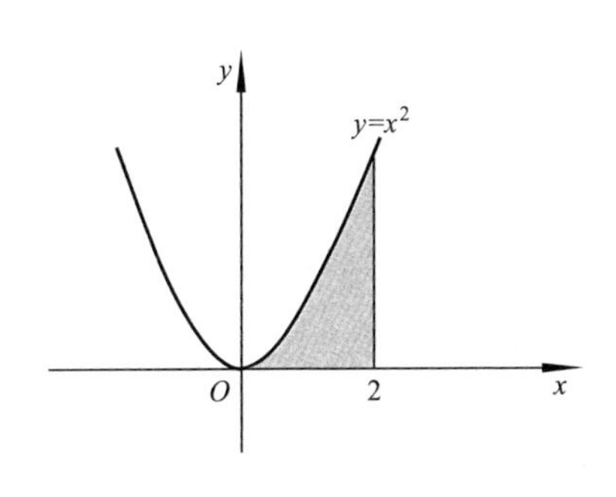

图　4-12

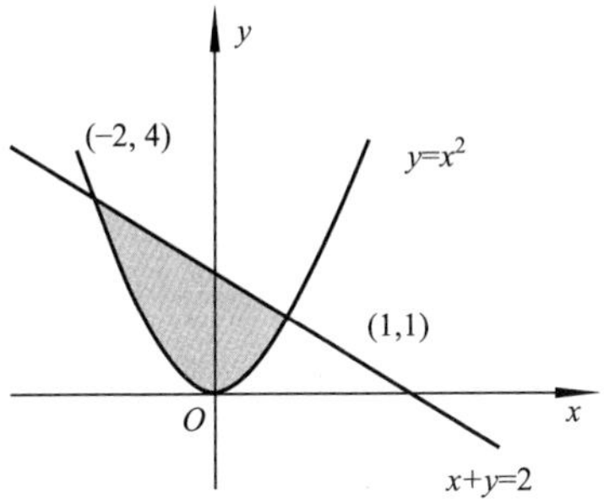

图　4-13

解　解方程组$\begin{cases} y=x^2 \\ y=-x+2 \end{cases}$得交点(1,1),(−2,4).

选择 x 作积分变量,积分区间为[−2,1],从而所求图形面积为:

$$A=\int_{-2}^{1}[(-x+2)-x^2]\mathrm{d}x=\left(-\frac{1}{2}x^2+2x-\frac{1}{3}x^3\right)\Big|_{-2}^{1}=\frac{9}{2}.$$

【例 3】　求抛物线 $y^2=2x$ 与直线 $y=x-4$ 所围成图形的面积(见图 4-14).

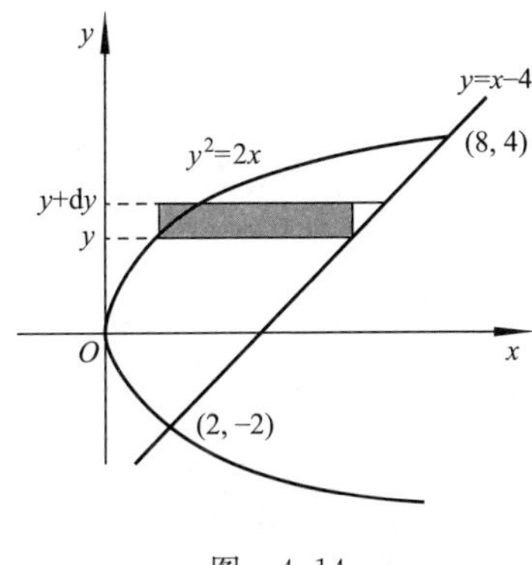

图　4-14

解　作出图形(见图 4-14),解方程组

$$\begin{cases} y^2=2x, \\ y=x-4. \end{cases}$$

得抛物线与直线的交点 (2,−2) 和 (8,4).

取 y 坐标为积分变量,确定积分区间为[−2,4]. 所求图形面积为

$$A=\int_{-2}^{4}\left(y+4-\frac{1}{2}y^2\right)\mathrm{d}y=\left[\frac{y^2}{2}+4y-\frac{y^3}{6}\right]\Big|_{-2}^{4}=18.$$

注意:若上下边界均不需分段表示,可对 x 积分;否则应区分左右边

界，对 y 积分.

习　题　4.6

1. 求由曲线 $y=\frac{1}{x}$ 和直线 $y=x$ 及 $x=2$ 所围图形的面积.

2. 设平面图形是由曲线 $y^2=x$ 和直线 $y=1$，$x=0$ 所围成，求此平面图形的面积.

3. 求由曲线 $y^2=x$ 和 $x^2=y$ 所围图形的面积.

4. 求由曲线 $y=x^2$，$y=\frac{1}{4}x^2$ 和直线 $y=1$ 所围图形的面积.

5. 求由曲线 $y=4-x$ 和 $y=x^2$ 所围图形的面积.

6. 求由曲线 $y=x^2$ 和 $y=-x^2+2$ 所围图形的面积.

应用实践项目四

项目 1　城市 CO 浓度问题

据统计资料显示，某城市夏天空气中 CO 的平均浓度为 3 ppm（1 ppm $=1\times10^{-6}$）. 环保部门的研究预计，从现在开始 t 年，夏天空气中的 CO 的平均浓度将以 $0.003t^2+0.06t+0.1$(ppm) 的改变率增长. 如果没有进一步的环境控制，问从现在开始 10 年后夏天空气中的 CO 的平均浓度是多少？

项目 2　游泳池面积问题

工程师用 CAD 设计了一个游泳池，游泳池的表面由曲线 $y=\frac{800x}{(x^2+10)^2}$，$y=0.5x^2-4x$ 和直线 $x=8$（单位：m）围成，试画出图形，并求游泳池的表面面积.

项目 3　交流电流的有效值

当交流电流 $i(t)$ 在一个周期内消耗在电阻 R 上的平均功率等于直流电流 I 消耗在电阻 R 上的功率时，这个直流电流的数值 I 就叫做交流电流的有效值. 试建立求交流电流有效值的数学模型并利用所建立的模型并求正弦交流电流 $i=I_m\sin(\omega t+\phi)$ 的有效值.

第5章　常微分方程

人们认识和改造世界的重要任务之一，就是要了解各种事物量与量之间的依赖关系和变化规律，这种依赖关系和变化规律，大多可以用函数关系式来表达.然而，当利用数学知识研究自然界的各种现象时，有时并不能直接得到反映这种规律的函数关系，而只能根据实际问题的意义及已知的公式或定律，建立起含有自变量、未知函数及其导数（或微分）的关系式，这就是所谓的微分方程.通过求解微分方程，可以得到所需求的函数.本章主要介绍微分方程的基本概念和几种常见的简单微分方程的解法.

5.1　微分方程的基本概念和分离变量法

5.1.1　引例

【例1】　设某一平面曲线上任意一点 (x,y) 处的切线斜率等于该点横坐标 x 的2倍，且曲线通过点 $(1,3)$，求该曲线方程.

解　设所求曲线方程为 $y=f(x)$，根据导数的几何意义，得

$$\frac{\mathrm{d}y}{\mathrm{d}x}=2x \quad 或 \quad \mathrm{d}y=2x\mathrm{d}x. \tag{1}$$

同时还应满足条件

$$f(1)=3 \quad 或 \quad y\big|_{x=1}=3. \tag{2}$$

(1) 式是一个含有所求未知函数 y 的导数或微分的等式.为求得 y，对(1)式两端积分，得

$$y=\int 2x\mathrm{d}x=x^2+C. \tag{3}$$

其中 C 为任意常数.根据题意，曲线通过点 $(1,\ 3)$，因此，所求函数满足式(2)，将(2)式代入 $y=x^2+C$，得 $C=2$，故所求的曲线方程为

$$y=x^2+2. \tag{4}$$

【例2】　一列车在直线轨道上以 30 m/s 的速度行驶，制动时列车获得加速度 $-0.6\ \mathrm{m/s^2}$，问开始制动后经过多长时间才能把列车刹住？从制动到列车停住这段时间内列车行驶了多少路程？

解 设制动后列车的运动方程为 $s=s(t)$，由二阶导数的力学意义知，$s=s(t)$ 应满足

$$\frac{d^2s}{dt^2}=-0.6, \tag{5}$$

同时函数 $s=s(t)$ 还应满足下列条件

$$s\big|_{t=0}=0,\quad v\big|_{t=0}=\left.\frac{ds}{dt}\right|_{t=0}=30. \tag{6}$$

将(5)式积分，得

$$\frac{ds}{dt}=\int(-0.6)dt=-0.6t+C_1, \tag{7}$$

再积分，得

$$s=\int(-0.6t+C_1)dt=-0.3t^2+C_1t+C_2. \tag{8}$$

将条件(6)分别代入(7)式和(8)式，得

$$C_1=30,\quad C_2=0.$$

将 $C_1=30$ 代入(7)式，得

$$\frac{ds}{dt}=-0.6t+30. \tag{9}$$

将 $C_1=30,C_2=0$ 代入(8)式，得

$$s=-0.3t^2+30t. \tag{10}$$

在(9)式中，令 $v=\frac{ds}{dt}=0$，得到列车开始制动到完全停住的时间为

$$t=\frac{30}{0.6}=50(s),$$

再把 $t=50$ 代入(10)式中，得到列车在这段时间内行驶的路程为

$$s=-0.3\times50^2+30\times50=750(m).$$

5.1.2 微分方程的基本概念

上述两个引例中，关系式(1)和(5)都含有未知函数的导数，它们都是微分方程.下面介绍微分方程的一些基本概念.

凡含有未知函数的导数(或微分)的方程，称为**微分方程**.若未知函数只含有一个自变量，这样的微分方程称为**常微分方程**；若未知函数是多元函数，导数是指偏导数，这样的方程称为**偏微分方程**.微分方程中所含未知函数导数的最高阶数，称为**微分方程的阶**.我们只讨论常微分方程，以下简称为微分方程.例如，方程

$$\frac{dy}{dx}=x^2,\quad y'+xy=e^x\quad 和\quad 2xy'-x\ln x=0$$

都是一阶微分方程. 方程

$$\frac{d^2 s}{dt^2} = -0.6 \quad \text{和} \quad y'' - 3y' + 2y = x^2$$

都是二阶微分方程.

由例 1 和例 2 可知,在研究实际问题时,首先建立微分方程,然后设法找出满足微分方程的函数,也就是说,要找到这样的函数,将其代入微分方程后,能使该方程成为恒等式,这个函数称为**微分方程的解**. 求微分方程解的过程称为**解微分方程**.

例如,函数(3)和(4)都是微分方程(1)的解;函数(8)和(10)都是微分方程(5)的解.

如果微分方程的解中包含有任意常数,并且独立的(即不可合并而使个数减少)任意常数的个数与微分方程的阶数相同,这样的解称为**微分方程的通解**. 通解中任意常数取某一特定值时的解,称为**微分方程的特解**.

例如函数(3)和(8)分别是微分方程(1)和(5)的通解,函数(4)和(10)分别是微分方程(1)和(5)的特解.

从上面两例看到,通解中的任意常数一旦由某种附加条件确定后,就得到微分方程的特解,这种用以确定通解中任意常数的附加条件称为微分方程的**初值条件**.

例 1 中的初值条件是 $y|_{x=1} = 2$.

例 2 中的初值条件是 $s|_{t=0} = 0, v|_{t=0} = \left.\frac{ds}{dt}\right|_{t=0} = 30$.

一阶微分方程的初值条件是,当自变量取定某个特定值时,给出未知函数的值 $y|_{x=x_0} = y_0$;二阶微分方程的初值条件是 $y|_{x=x_0} = y_0, y'|_{x=x_0} = y_1$.

【例 3】 验证函数 $y = C_1\cos 2x + C_2\sin 2x$ 是微分方程 $y'' + 4y = 0$ 的通解,并求满足初值条件 $y|_{x=0} = 1, y'|_{x=0} = -1$ 的特解.

解 因为

$$y = C_1\cos 2x + C_2\sin 2x, \tag{11}$$

所以

$$y' = -2C_1\sin 2x + 2C_2\cos 2x, \tag{12}$$

$$y'' = -4C_1\cos 2x - 4C_2\sin 2x.$$

将 y, y'' 代入原方程 $y'' + 4y = 0$ 中,得

$$-4C_1\cos 2x - 4C_2\sin 2x + 4C_1\cos 2x + 4C_2\sin 2x \equiv 0,$$

故函数 $y = C_1\cos 2x + C_2\sin 2x$ 满足方程 $y'' + 4y = 0$, 是该方程的解. 又因为这个解中含有独立的任意常数的个数等于方程 $y'' + 4y = 0$ 的阶数,因

此 $y = C_1\cos 2x + C_2\sin 2x$ 又是它的通解.

将初值条件分别代入(11)和(12)两式中,得

$$C_1 = 1,\quad C_2 = -\frac{1}{2}.$$

所以 $y''+4y=0$ 满足初值条件的特解是 $y=\cos 2x-\frac{1}{2}\sin 2x$.

5.1.3 可分离变量的微分方程

形如

$$\frac{dy}{dx} = f(x)g(y) \tag{13}$$

的一阶微分方程称为**可分离变量的微分方程**.因为它可以化成

$$\frac{dy}{g(y)} = f(x)dx \quad (g(y) \neq 0) \tag{14}$$

的形式,也就是说,可以把微分方程中不同的两个变量分离在等式的两边,所以我们称为可分离变量的微分方程.

将(14)两端同时积分

$$\int \frac{dy}{g(y)} = \int f(x)dx,$$

便得微分方程(13)的通解.

【例 4】 求微分方程 $\frac{dy}{dx} = 2x^3 y$ 的通解.

解 当 $y \neq 0$ 时,将所给方程分离变量,得

$$\frac{dy}{y} = 2x^3 dx,$$

两端积分,有

$$\int \frac{dy}{y} = \int 2x^3 dx,$$

积分后,得

$$\ln|y| = \frac{1}{2}x^4 + C_1,$$

从而有

$$|y| = e^{\frac{1}{2}x^4+C_1} = e^{C_1} \cdot e^{\frac{1}{2}x^4},$$

即

$$y = \pm e^{C_1} \cdot e^{\frac{1}{2}x^4}.$$

令 $\pm e^{C_1} = C\ (C \neq 0)$,则上式便记为

$$y = Ce^{\frac{1}{2}x^4} \quad (C \neq 0).$$

由于 $y=0$ 也是方程的解，所以方程通解为

$$y = Ce^{\frac{1}{4}x^4} \quad (C \text{ 为任意常数}).$$

以后为了方便起见，可将 $\ln|y|$ 写成 $\ln y$，但要明确最终结果中的 C 是可正可负的任意常数.

【例 5】 求微分方程 $2x\sin y\mathrm{d}x + (x^2+3)\cos y\mathrm{d}y = 0$ 满足初值条件 $y|_{x=1} = \frac{\pi}{6}$ 的特解.

解　先求方程的通解，将所给方程分离变量，得

$$\frac{\cos y}{\sin y}\mathrm{d}y = -\frac{2x}{x^2+3}\mathrm{d}x,$$

等式两端分别积分，有

$$\int \frac{\cos y}{\sin y}\mathrm{d}y = -\int \frac{2x}{x^2+3}\mathrm{d}x,$$

积分后，得

$$\ln \sin y = -\ln(x^2+3) + \ln C,$$

从而有

$$(x^2+3)\sin y = C.$$

下面再来求满足所给初值条件的特解，把初值条件 $y|_{x=1} = \frac{\pi}{6}$ 代入上面的通解中，得

$$(1^2+3)\sin\frac{\pi}{6} = C,$$

即

$$C = 2,$$

于是，所求特解为

$$(x^2+3)\sin y = 2.$$

习　题　5.1

1. 下列方程中哪些是微分方程？并指出它们的阶数：

(1) $x^3(y'')^3 - 2y' + y = 0$；　　(2) $y^2 - x\sin y = 0$；

(3) $(6x-7y)\mathrm{d}x + (x+y)\mathrm{d}y = 0$；

(4) $(\sin x)'' + 2(\sin x)' + 1 = 0$；

(5) $\frac{\mathrm{d}^3y}{\mathrm{d}x^3} - 2x\left(\frac{\mathrm{d}^2y}{\mathrm{d}x^2}\right)^3 + x^2 = 0$；　　(6) $y^{(4)} - y^2 = 0$.

2. 下面几种说法对吗？为什么？

(1) 包含任意常数的解叫微分方程的通解；

(2) 不包含任意常数的解叫微分方程的特解；

(3) 含有两个任意常数的解必是二阶微分方程的通解.

3. 验证下列各题中所给函数是相应微分方程的解,并说明是通解还是特解(其中 C 、C_1 、C_2 都是任意常数)：

(1) $\frac{dy}{dx}-2y=0, y=e^{2x}, y=Ce^{2x}$；

(2) $4y'=2y-x, y=Ce^{\frac{x}{2}}+\frac{x}{2}+1$；

(3) $y''+9y=0, y=\cos 3x, y=C_1\cos 3x+C_2\sin 3x$；

(4) $(x-2y)y'=2x-y, x^2-xy+y^2=C$.

4. 已知一曲线过点 $\left(1,\frac{1}{2}\right)$，且曲线上任一点 $P(x,y)$ 处的切线斜率等于 x^3，求该曲线方程.

5. 一质点由原点开始 $(t=0)$ 沿直线运动,已知在时刻 t 的加速度为 t^2-1，而在 $t=1$ 时的速度为 $\frac{1}{3}$，求位移 s 的大小与时间 t 的函数关系.

6. 求下列微分方程的通解：

(1) $y'=e^{2x-y}$；　　(2) $xy'-y\ln y=0$；

(3) $y(1-x^2)dy+x(1+y^2)dx=0$；

(4) $\sec^2 x \cdot \cot y dx-\csc^2 y \cdot \tan x dy=0$.

7. 求下列微分方程满足所给初值条件的特解：

(1) $\frac{dy}{dx}=-\frac{x}{y}$ ，$y|_{x=4}=0$；

(2) $\sin y\cos x dy=\cos y\sin x dx=0$， $y|_{x=0}=\frac{\pi}{4}$.

5.2 一阶线性微分方程

5.2.1 一阶线性微分方程的概念

形如

$$\frac{dy}{dx}+P(x)y=Q(x) \tag{1}$$

的微分方程称为**一阶线性微分方程**,其中 $P(x)$,$Q(x)$ 都是自变量 x 的已知函数，$Q(x)$ 称为**自由项**.

所谓“线性”指的是，方程中关于未知函数 y 及其导数 y' 都是一次式. 当 $Q(x)\not\equiv 0$ 时，称方程(1)称为**一阶线性非齐次微分方程**；当 $Q(x)\equiv 0$ 时，方程(1)变为

$$\frac{\mathrm{d}y}{\mathrm{d}x}+P(x)y=0, \tag{2}$$

称方程(2)为方程(1)所对应的**一阶线性齐次微分方程**.

例如，方程

$$y'+\frac{1}{x}y=\sin x$$

是一阶线性非齐次微分方程. 它所对应的线性齐次微分方程是

$$y'+\frac{1}{x}y=0,$$

而方程

$$\frac{\mathrm{d}y}{\mathrm{d}x}=x^2+y^2,\quad (y')^2+xy=\mathrm{e}^x,\quad 2yy'+xy=0$$

等，虽然都是一阶微分方程，但都不是线性微分方程.

5.2.2　一阶线性齐次微分方程的求解

下面先求线性非齐次微分方程(1)所对应的线性齐次微分方程(2)的通解. 它是可分离变量的微分方程，分离变量，得

$$\frac{\mathrm{d}y}{y}=-P(x)\mathrm{d}x,$$

两端积分，并把任意常数写成 $\ln C$ 的形式，得

$$\ln y=-\int P(x)\mathrm{d}x+\ln C,$$

化简后即得线性齐次微分方程(2)的通解为

$$y=C\mathrm{e}^{-\int P(x)\mathrm{d}x}, \tag{3}$$

其中 C 是任意常数. 而方程(1)不能用分离变量的方法求解，但可以推证方程(1)有一个简便的求通解公式

$$y=\mathrm{e}^{-\int P(x)\mathrm{d}x}\left[\int Q(x)\mathrm{e}^{\int P(x)\mathrm{d}x}\mathrm{d}x+C\right]\quad(\text{其中 } C \text{ 为任意常数}). \tag{4}$$

5.2.3　一阶线性非齐次微分方程的求解

求一阶线性非齐次微分方程通解的步骤如下：

(1) 标准化一阶线性方程；

(2) 写出 $P(x)$,$Q(x)$;

(3) 代入公式求出通解.

【例 1】 求微分方程 $x\mathrm{d}y+(y-x\mathrm{e}^{-x})\mathrm{d}x=0$ 的通解.

解 将所给方程化为

$$\frac{\mathrm{d}y}{\mathrm{d}x}+\frac{1}{x}y=\mathrm{e}^{-x},$$

它是一阶线性非齐次微分方程.

$$P(x)=\frac{1}{x},\quad Q(x)=\mathrm{e}^{-x},$$

代入公式(4),有

$$y=\mathrm{e}^{-\int\frac{1}{x}\mathrm{d}x}\left(\int\mathrm{e}^{-x}\mathrm{e}^{\int\frac{1}{x}\mathrm{d}x}\mathrm{d}x+C\right)=\mathrm{e}^{-\ln x}\left(\int\mathrm{e}^{-x}\mathrm{e}^{\ln x}\mathrm{d}x+C\right)$$

$$=\mathrm{e}^{\ln\frac{1}{x}}\left(\int x\mathrm{e}^{-x}\mathrm{d}x+C\right)=\frac{1}{x}[-(x+1)\mathrm{e}^{-x}+C]\quad(x\neq0).$$

注意:使用一阶线性非齐次微分方程的通解公式(4)时,每一个积分都只表示被积函数的一个原函数.

【例 2】 求微分方程

$$\frac{\mathrm{d}y}{\mathrm{d}x}-\frac{2}{x+1}y=(x+1)^3$$

满足初值条件 $y|_{x=0}=1$ 的特解.

解 先求通解:

$$P(x)=-\frac{2}{x+1},\quad Q(x)=(x+1)^3,$$

代入公式(4),得

$$y=\mathrm{e}^{\int\frac{2}{x+1}\mathrm{d}x}\left(\int(x+1)^3\mathrm{e}^{-\int\frac{2}{x+1}\mathrm{d}x}\mathrm{d}x+C\right)$$

$$=\mathrm{e}^{2\ln(x+1)}\left(\int(x+1)^3\mathrm{e}^{-2\ln(x+1)}\mathrm{d}x+C\right)$$

$$=(x+1)^2\left(\int(x+1)\mathrm{d}x+C\right)$$

$$=(x+1)^2\left(\frac{1}{2}x^2+x+C\right)$$

以下求满足所给初值条件的特解,将所给初值条件 $y|_{x=0}=1$ 代入上面的通解中,得

$$C=1.$$

故得所求特解为

$$y=(x+1)^2\left(\frac{1}{2}x^2+x+1\right).$$

现将一阶微分方程的几种常见类型及解法归纳如下(见表 5-1).

表　5-1

方程类型		方程	解法
可分离变量的微分方程		$\frac{dy}{dx}=f(x)g(x)$	将不同变量分离到方程两边,然后积分 $\int\frac{dy}{g(y)}=\int f(x)dx$
一阶线性微分方程	齐次方程	$\frac{dy}{dx}+P(x)y=0$	分离变量,两边积分或用公式 $y=Ce^{-\int P(x)dx}$
	非齐次方程	$\frac{dy}{dx}+P(x)y=Q(x)$	公式法 $y=e^{-\int P(x)dx}\left(\int Q(x)e^{\int P(x)dx}dx+C\right)$

习　题　5.2

1. 求下列微分方程的通解:

(1) $y'+y=e^{-x}$;　　(2) $y'+2y=4x$;

(3) $xy'+y=x^2+3x+2$;　　(4) $y'+y\cos x=e^{-\sin x}$;

(5) $xdy+(x^2\sin x-y)dx=0$;　　(6) $y'\cos x+y\sin x=1$;

(7) $\frac{dy}{dx}=\frac{y}{y^2+x}$;　　(8) $(x^2-1)y'+2xy-\cos x=0$;

(9) $(x-2y^3)dy-2ydx=0$;　　(10) $y'=\frac{1}{x\cos y+\sin 2y}$.

2. 求下列微分方程满足所给初值条件的特解:

(1) $\frac{dy}{dx}+\frac{y}{x}=\frac{x+1}{x}, y|_{x=2}=3$;

(2) $y'-y=2xe^{2x}, y|_{x=0}=1$;

(3) $\frac{dy}{dx}-y\tan x=\sec x, y|_{x=0}=0$.

应用实践项目五

项目 1　受害者死亡时间问题

某天晚上 23:00 时，在一住宅内发现一受害者的尸体，法医于 23:40 赶到，测量死者的体温是 31.2℃，一小时后再次测量体温为 29.0℃，法医注意到当时室温是 28 度. 建立模型并利用该模型估计受害者的死亡时间.

项目 2　降落伞下落速度问题

设降落伞从跳伞塔下落后，所受空气阻力与速度成正比，并设降落伞离开跳伞塔时($t=0$)的速度为 0. 求降落伞下落速度与时间的函数关系.

参 考 文 献

[1] 魏寒柏,骈俊生.高等数学(工科类)[M].北京:高等教育出版社,2014.

[2] 刘严.新编高等数学(理工类)[M].8版.大连:大连理工大学出版社,2017.

[3] 盛祥耀.高等数学[M].4版.北京:高等教育出版社,2015.

[4] 张建业,王洪林.高等数学[M].天津:南开大学出版社,2017.

[5] 侯风波.工科高等数学[M].沈阳:辽宁大学出版社,2013.

[6] 刘丹华.数学[M].北京:清华大学出版社,2015.

[7] 顾沛.数学文化[M].2版.北京:高等教育出版社,2017.

[8] 康永强.应用数学与数学文化(第1分册)[M].北京:高等教育出版社,2011.